普通高等院校环境设计专业实训"十三五"规划教材
PUTONG GAODENG YUANXIAO HUANJING SHEJI ZHUANYE SHIXUN SHISANWU GUIHUA JIAOCAI

HUANJING SHEJI ZHITU YU

TOUSHIXUE

环境设计制图与透视学

主 编

吴安生（黑龙江农垦科技职业学院）

白　芳（哈尔滨信息工程学院）

尹宝莹（绥化学院）

U0205871

副主编

杨　星（哈尔滨信息工程学院）

丁　旭（哈尔滨广夏学院）

崔炎瑶（英国谢菲尔德大学）

李　岚（武汉职业技术学院）

西南交通大学出版社
·成 都·

图书在版编目（CIP）数据

环境设计制图与透视学 / 吴安生，白芳，尹宝莹主
编. —成都：西南交通大学出版社，2017.6（2021.7 重印）
普通高等院校环境设计专业实训"十三五"规划教材
ISBN 978-7-5643-5408-4

Ⅰ. ①环… Ⅱ. ①吴… ②白… ③尹… Ⅲ. ①环境设
计－建筑制图－高等学校－教材②透视学－高等学校－教
材 Ⅳ. ①TU-856②J062

中国版本图书馆 CIP 数据核字（2017）第 088124 号

普通高等院校环境设计专业实训"十三五"规划教材

环境设计制图与透视学

责任编辑／李晓辉

主　　编／吴安生　白 芳　尹宝莹　　助理编辑／张秋霞

封面设计／何东琳设计工作室

西南交通大学出版社出版发行

（成都市金牛区二环路北一段 111 号创新大厦 21 楼　610031）

发行部电话：028-87600564

网址：http://www.xnjdcbs.com

印刷：四川煤田地质制图印刷厂

开本　210 mm×285 mm
印张　7.25　字数　201 千
版次　2017 年 6 月第 1 版　　印次　2021 年 7 月第 2 次印刷

书号　ISBN 978-7-5643-5408-4
定价　45.00 元

前言
PREFACE

　　《环境设计制图与透视学》是一门既有理论又有实践的专业基础课程。第一部分由制图的基本知识、画法几何、投影常识等理论知识和景观制图、室内设计制图等专业实践案例构成，培养学生专业制图、读图能力。工程图是用来表达环境设计方案、装饰工程预算、交流技术思想、指导及监管装饰施工等方面的专业语言。第二部分是透视学的知识，环境设计专业、建筑室内设计专业、建筑学等专业的学生要掌握的绘图能力不只是二维施工图，三维的效果图表现也是必不可少的。学生只有掌握透视学原理，才能将三维的效果图合理、舒服、准确地绘制出来，是室内设计手绘效果图表现技法、景观设计效果图表现、3DS max 效果图等专业课程的前期基础课。

　　本书适用于环境设计专业以及建筑室内设计、建装装饰工程技术等专业。本书多采用案例模式教学，由高等艺术院校以及装饰企业一线设计师共同编写，他们更了解行业发展和艺术设计专业学生知识结构、学习状态以及接受能力。本书的编写分工如下。第一部分环境设计制图：第 1、2 章由哈尔滨信息工程学院杨星编写，第 3 章由绥化学院尹宝莹编写，第 4、5、6 章由哈尔滨信息工程学院白芳编写。第二部分透视学：第 7 章由英国谢菲尔德大学崔焱瑶编写，第 8、9、10 章由黑龙江农垦科技职业学院吴安生编写，第 11 章由哈尔滨广厦学院丁旭编写。

　　由于作者水平有限，书中难免存在不足之处，望专家学者不吝指正。同时欢迎社会各界朋友对本书提出宝贵意见。

吴安生

2017 年 3 月

目 录
CONTENTS

第二部分 透视学

第一部分

环境设计制图

HUANJINGSHEJIZHITU

第1章 建筑制图标准

第1、2章课件

◆ **学习目标**

熟悉建筑制图国家标准规定的有关知识，掌握绘图工具的使用方法。

◆ **学习重点**

国家标准规定的线型、线宽的用途，尺寸的标注原则等。

1.1 制图的基本规定

1.1.1 图 纸

1. 图纸幅面

图纸是设计师用来表达工程设计意图的重要形式，也是工程施工顺利进行的主要依据。图纸的幅面是指图纸本身的大小规格，为了便于管理，国家标准规定，图幅共有 5 种，分别为 A0、A1、A2、A3、A4，且其尺寸依次由大到小。图框是绘图纸上框定绘图范围的边界线，任何图样内容不可超越图框线，国标对不同图纸幅面的大小和图框形式都有明确规定，具体规定如表 1-1 所示。

表 1-1 图幅与图框尺寸（mm）

幅面代号	A0	A1	A2	A3	A4
$b \times l$	841×1189	594×841	420×594	297×420	210×297
c	10			5	
a	25				

注：表中 b 为幅面短边尺寸，l 为幅面长边尺寸，c 为图框线与幅面线间宽度，a 为图框线与装订边间宽度。

针对某些较大工程，其图纸的幅面可适当增大，一般情况下，长边可加长，但短边不应加长。对于长边的长度调整也是有相关规定的，如表 1-2 所示。

表 1-2 图纸长边加长尺寸（mm）

幅面代号	长边尺寸	长边加长后的尺寸
A0	1189	1486（A0+1/4l）、1635（A0+3/8l）、1783（A0+1/2l）、1932（A0+5/8l）、2080（A0+3/4l）、2230（A0+7/8l）、2378（A0+1l）
A1	841	1051（A1+1/4l）、1261（A1+1/2l）、1471（A1+3/4l）、1682（A1+1l）、1892（A1+5/4l）、2102（A1+3/2l）
A2	594	743（A2+1/4l）、891（A2+1/2l）、1041（A2+3/4l）、1189（A2+1l）、1338（A2+5/4l）、1486（A2+3/2l）、1635（A2+7/4l）、1783（A2+2l）、1932（A2+9/4l）、2080（A2+5/2l）
A3	420	630（A3+1/2l）、841（A3+1l）、1051（A3+3/2l）、1261（A3+2l）、1471（A3+5/2l）、1682（A3+3l）、1892（A3+7/2l）

注：有特殊需要的图纸，可采用 $b \times l$ 为 841 mm×891mm 与 1189 mm×1261 mm 的幅面。

图幅可分为横式图幅和立式图幅，图纸的长边作为水平边的图幅称为横式图幅，长边作为垂直边的图幅称为立式图幅，通常情况下，A0～A3 的图纸多作横式使用，必要时也可作立式使用，A4 宜作立式幅面使用，如图 1-1 所示。

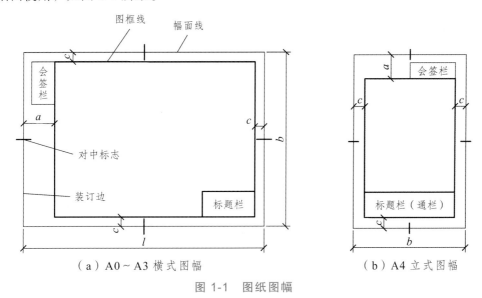

（a）A0～A3 横式图幅　　　　　　（b）A4 立式图幅

图 1-1　图纸图幅

★小提示：一个工程设计中，每个专业所使用的图纸，不宜多于两种幅面，不含目录及表格所采用的 A4 幅面。

2．标题栏与会签栏

标题栏位于图纸的右下角，表内主要填写工程名称、图名、图纸编号、设计单位以及校对人、制图人、审定人姓名的签字，标题栏的规格可根据图纸内容与具体工程而定，灵活运用，如图 1-2（a）为其中一种。学生在学习阶段不用填写上述信息，多采用学生用标题栏，其与工程用标题栏有所差异，如图 1-2（b）所示。

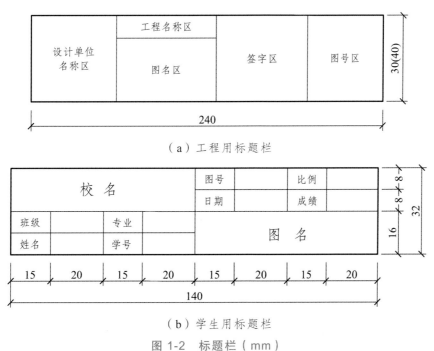

（a）工程用标题栏

（b）学生用标题栏

图 1-2　标题栏（mm）

会签栏内应由不同专业的会签人员填写专业、姓名、日期（见图1-3），不需要会签栏的图纸可以不设，学生学习过程中不需绘制会签栏。

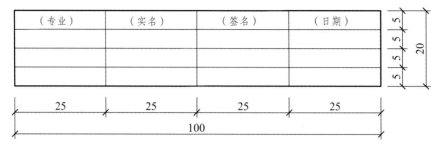

图1-3 会签栏

3. 图纸的编排顺序

工程图纸应按照专业顺序编排，应为图纸目录、总图、建筑图、结构图、给水排水图、暖通空调图、电气图等。

各专业的图纸，应按图纸内容的主次关系、逻辑关系进行分类排序。

1.1.2 图 线

在建筑制图中，为了使图面清晰，主次分明，在表达不同的内容时，其图线必须使用不同的线型与线宽来表达。

1. 线型

在建筑工程图中，常用的线型有实线、虚线、单点画线、双点画线、波浪线和折断线，其中实线、虚线、单点画线、双点画线分粗、中、细三种。不同的线型在工程图纸中表示不同的工程图样内容，各种线型的规定与一般用途见表1-3。

表1-3 图线线型

名称		线 型	宽度	用 途
实线	粗		b	1. 平面图、剖面图中被剖切的主要建筑构造断面的轮廓线 2. 建筑立面图的外轮廓线 3. 建筑构造、配件详图中被剖切的主要部分的断面轮廓线和外轮廓线 4. 总平面图中新建建筑物的外轮廓线
	中粗		$0.7b$	可见轮廓线、尺寸起止符号
	中		$0.5b$	可见轮廓线、变更云线
	细		$0.25b$	1. 图例填充线、家具线 2. 尺寸线、尺寸界线、索引符号、标高符号等
虚线	粗		b	见各有关专业制图标准
	中粗		$0.7b$	不可见轮廓线
	中		$0.5b$	不可见轮廓线、图例线
	细		$0.25b$	图例填充线、家具线
点画线	粗		b	见各有关专业制图标准

名 称		线 型	宽 度	用 途
点画线	中		$0.5b$	见各有关专业制图标准
	细		$0.25b$	中心线、对称线、定位轴线
双点画线	粗		b	预应力钢筋线
	中		$0.5b$	见各有关专业制图标准
	细		$0.25b$	假想轮廓线、成型前原始轮廓线
折断线			$0.25b$	不需画全的断开界线
波浪线			$0.25b$	不需画全的断开界线、构造层次的断开界线

注：同一张图纸内，比例相同的各图样应选用相同的线宽组。

2．线宽

工程图纸中宜采用三种线宽，即粗（b）、中（$0.5b$）、细（$0.25b$），b 的宽度最好从 1.4 mm、1.0 mm、0.7 mm、0.5 mm、0.35 mm、0.25 mm、0.18 mm、0.13 mm 中选取。粗线的宽度不宜小于 0.1 mm。一般情况，不同图样需根据其复杂程度和比例大小先选基本线宽 b，再从表 1-4 中选取相应的线宽组。

表 1-4 线宽组（mm）

线宽比	线 宽 组			
b（粗）	1.4	1.0	0.7	0.5
$0.7b$（中粗）	1.0	0.7	0.5	0.35
$0.5b$（中）	0.7	0.5	0.35	0.25
$0.25b$（细）	0.35	0.25	0.18	0.13

注：① 需要缩微的图纸，不宜采用 0.18 mm 及更细的线宽；
② 同一张图纸内，各不同线宽中的细线，可统一采用较细的线宽组的细线。

图纸的图框和标题栏线可采用表 1-5 的线宽。

表 1-5 图框和标题栏线的宽度

幅面代号	图框线	标题栏外框线	标题栏分格线
A0、A1	b	$0.5b$	$0.25b$
A2、A3、A4	b	$0.7b$	$0.35b$

图线绘制的注意事项有以下几点。

（1）虚线、点画线每一长线段的长度和间隙应各自相等；点画线的两端，不应是点。

（2）点画线与点画线或点画线与其他图线交接时，应是线段交接。

（3）当虚线与虚线或虚线与其他图线交接时，应是线段交接；虚线为实线的延长线时，不得与实线相接。

（4）相互平行的图例线，其净间隙或线中间隙不宜小于 0.2 mm。

（5）当在较小图形中绘制点画线或双点画线有困难时，可以用细实线代替点画线。

（6）图线不得与文字、数字或符号重叠、混淆，不可避免时，应首先保证文字的清晰。

1.1.3　字　体

施工图纸上使用了大量的汉字、拉丁字母、阿拉伯数字，如果字体不规范或不清晰，会影响图纸识别和施工质量，甚至会给工程带来严重损失，因此国标对字体作了严格规定。

1. 汉字

国标规定，工程图纸中的汉字宜选用长仿宋体或黑体字，并规定同一图纸不允许使用两种以上字体，以免对图纸内容造成干扰。黑体字的字高和字宽相同，长仿宋字的字高、字宽比应符合表 1-6 的规定，对于图册封皮、大标题、地形图等的汉字，也可采用其他字体，但要保证字迹清晰，易于识别。

表 1-6　长仿宋字高、宽关系（mm）

字高	3.5	5	7	10	14	20
字宽	2.5	3.5	5	7	10	14

长仿宋字书写特点如下。
（1）每一笔画都要干净利落、顿挫有力、横平竖直。
（2）注意笔的起落、转折等，横、竖的起笔和收笔，撇、钩的起笔，钩折的转角等都要顿一下。
（3）结构要均匀、字形方正、排列整齐。长仿宋字字体的书写示例如图 1-4 所示。

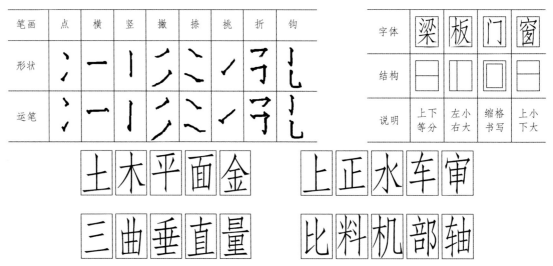

图 1-4　长仿宋字

2. 字母和数字

图样及说明中的拉丁字母和阿拉伯数字、罗马数字宜采用 NEW ROMAN 字体，其书写规则应符合表 1-7 要求。

表 1-7　拉丁字母和阿拉伯数字、罗马数字书写规则

书写格式	字体	窄字体
大写字母宽度	h	h
小写字母宽度（上下均无延伸）	$7/h$	$10/14h$
小写字母深处的头部或尾部	$3/10h$	$4/14h$
笔画宽度	$1/10h$	$1/14h$
字母间距	$2/10h$	$2/14h$
上下行基准线的最小间距	$15/10h$	$21/14h$
词间距	$6/10h$	$6/14h$

字母与数字的示例如图 1-5 所示。

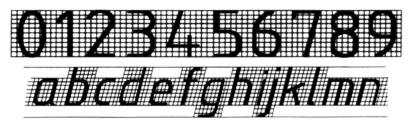

图 1-5 字母与数字示例

数字、字母书写注意事项如下。

（1）拉丁字母和阿拉伯数字、罗马数字可写成直体或斜体，与汉字一起时宜采用直体；需写成斜体字时，其斜度应是从字的底线逆时针向上倾斜 75°，斜体字的高度和宽度应与直体字一致。

（2）拉丁字母和阿拉伯数字、罗马数字的字高不应小于 2.5 mm。

（3）分数、百分数和比例数的注写，应采用阿拉伯数字和数学符号。

1.1.4 比 例

在建筑工程图中，需要将实物按照一定比例缩小(或放大)到适当的尺寸，绘制在图纸上。

图样的比例是指图样中图形尺寸与实物相应的线性尺寸之比，其形式如 1∶100，表示在图纸上的 10 mm 长度，代表其实际距离为 1000 mm。

$$比例 = \frac{图上线段长度}{实际线段长度} \tag{1-1}$$

绘图的比例根据具体的图样的用途和复杂程度来选取，以内容表达清楚为主，常用比例见表 1-8。

表 1-8 绘图所用比例

常用比例	1∶1、1∶2、1∶5、1∶10、1∶20、1∶30、1∶50、1∶150、1∶200、1∶500、1∶1000、1∶2000
可用比例	1∶3、1∶4、1∶6、1∶15、1∶25、1∶40、1∶60、1∶80、1∶250、1∶300、1∶400、1∶600、1∶5000、1∶10 000、1∶20 000、1∶50 000、1∶100 000、1∶200 000

注：① 一般情况下，一个图样只选用一种比例，根据专业制图需求，同一图样可选用两种比例；
　　② 特殊情况下也可自选比例，这时除应注出绘图比例外，还应在适当位置绘制出相应的比例尺。

　★小提示：不论采用哪种绘图比例，尺寸数值都标注实际尺寸，如图 1-6 所示。

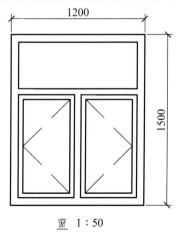

窗 1∶50　　　　　　　　窗 1∶100

图 1-6 比例应用示例

图样的比例一般注写在图名的右侧，与图名在同一基准线上，高要比字高小一号或两号，如图1-7所示。

1.1.5 尺寸标注

立面图 1：200

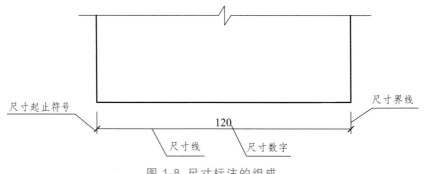

图 1-7 比例的注写

1. 尺寸的组成

尺寸标注由尺寸界线、尺寸线、尺寸起止符号和尺寸数字四部分组成，如图1-8所示。

尺寸起止符号　　尺寸界线

120

尺寸线　　尺寸数字

图 1-8 尺寸标注的组成

尺寸线：用细实线绘制，与被注长度平行，图样本身的任何图线均不得用作尺寸线。

尺寸界线：用细实线绘制，与被注长度垂直，框定所要量取线段的两端界限；靠近图样的一端距离图样轮廓不小于 2 mm，另一端应超出尺寸线 2~3 mm，必要时，图样轮廓线也可作尺寸界线。

尺寸起止符号：用中粗斜短线绘制，其倾斜方向与尺寸界线成顺时针45°角，其长度一般为 2~3 mm。

尺寸数字要求如下。

（1）尺寸数字表示工程形体的实际大小，其数字大小与绘图比例无关，读取时应以尺寸数字为准，不可从图上直接量取。

（2）图样上尺寸数字的单位为 mm，标注尺寸数字时，不用加单位。

（3）尺寸数字的方向应按照图 1-9（a）的形式注写；如果尺寸数字在 30°斜线区内，也可以按照图 1-9（b）的形式注写。

（4）标注水平线段时，尺寸数字应注写在尺寸线中部的上方，没有足够的注写位置时，最外边的尺寸数字可注写在尺寸界线的外侧，中间的尺寸数字可上下错开注写，如图 1-9（c）所示。

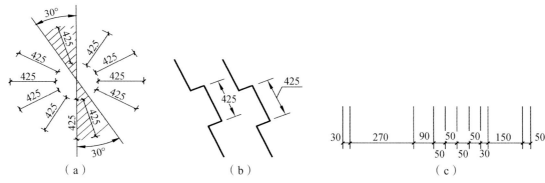

（a）　　（b）　　（c）

图 1-9 尺寸数字注写位置

2. 尺寸的排列与布置

（1）尺寸宜标注在图样轮廓线以外，相互平行的尺寸线，应从被标注的图样轮廓线从近到远依次排列，小尺寸靠近轮廓线，大尺寸离轮廓线较远，如图1-10所示。

（2）图样轮廓线以外的尺寸线，与图样最外轮廓线之间的距离不宜小于 10 mm，平行排列的尺寸线间距离最好为 7~10 mm，并且所有尺寸线保持一致。

（3）总尺寸的尺寸界线应靠近所指部位，中间的分尺寸的尺寸界线可稍微短一些，但其长度应相等。

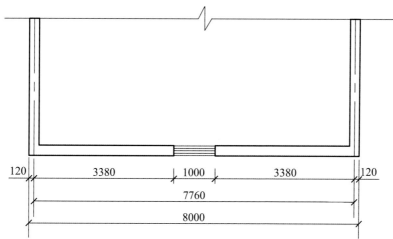

图 1-10　尺寸排列与布置

3. 直径、半径、球的标注

标注直径、半径和角度的尺寸时，尺寸起止符号一般用箭头表示。

1）直径尺寸

标注圆的直径尺寸时，直径数字前加直径符号"ϕ"，在圆内标注的尺寸线必须过圆心，如图 1-11 所示。

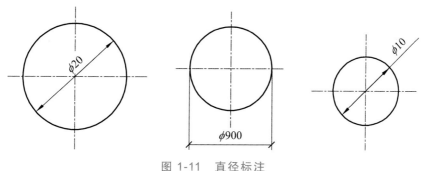

图 1-11　直径标注

2）半径尺寸

半径的尺寸线应一端从圆心开始，另一端画箭头指向圆弧，数字前应加注半径符号"R"，圆弧较大的半径，可按照图 1-12 标注。

3）球的半径、直径标注

标注球的半径尺寸时，应在尺寸前加注符号"SR"。标注球的直径尺寸时，应在尺寸数字前加注"$S\Phi$"，注写方法与圆弧半径和圆直径的注写方法相同。

4. 角度、弧长、弧长的标注

角度的起止符号用箭头表示，尺寸线画成圆弧，圆心是角的顶点，角的两边作为尺寸界线，

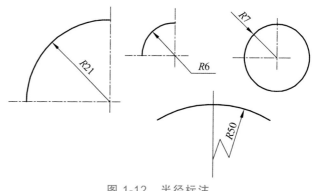

图 1-12　半径标注

尺寸数字应沿尺寸线方向书写，如图 1-13 所示。

标注圆弧的弧长时，尺寸线应以与该圆弧同心的圆弧线表示，尺寸界线应指向圆心，起止符号用箭头表示，弧长数字上方应加注符号 "⌒"，如图 1-14（a）所示。

标注圆弧的弦长时，尺寸线应以平行于该弦的直线表示，尺寸界线应垂直于该弦，起止符号用中粗斜短线表示，如图 1-14（b）所示。

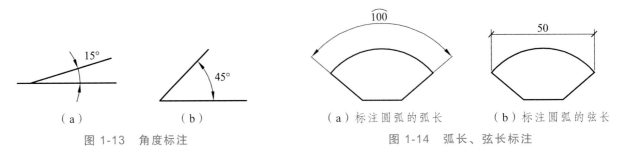

图 1-13　角度标注　　　　　　　　图 1-14　弧长、弦长标注

5. 薄板厚度、正方形、坡度、非圆曲线构件等尺寸标注

1）薄板厚度标注

薄板板面标注板厚尺寸时，应在厚度数字前加厚度符号 "t"，如图 1-15.1 所示。

2）正方形标注

标注正方形的尺寸可用"边长×边长"的形式，也可在边长数字前加正方形符号，如图 1-15.2 所示。

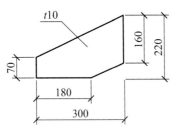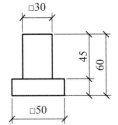

图 1-15.1　薄板厚度标注　　　　　　图 1-15.2　正方形标注

3）坡度标注

标注坡度时，应以 "◄——" 加上尺寸数字表示，箭头指向下坡方向，并在上方注写坡度数字，在坡度的数字标注中，多以百分数和比数表示坡度的大小，如图 1-16（a）、（b）所示，也可采用图 1-16（c）的形式。

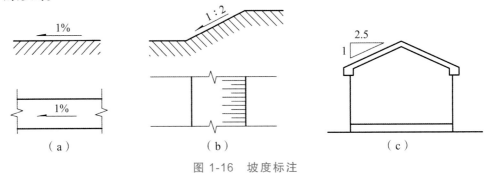

图 1-16　坡度标注

4）非圆曲线构件标注

外形为非圆曲线的构件，可用坐标形式标注尺寸，如图 1-17.1 所示。

5）复杂图形标注

复杂的图形，可用网格形式标注尺寸，如图1-17.2所示。

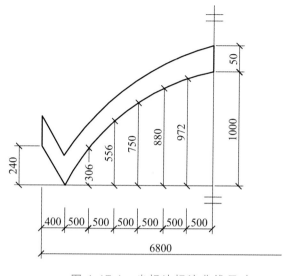

图 1-17.1　坐标法标注曲线尺寸

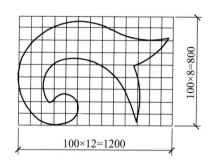

图 1-17.2　网格法标注曲线尺寸

6. 尺寸的简化标注

（1）杆件或管线的长度，在单线图（桁架简图、钢筋简图、管线简图）上，可直接将尺寸数字沿杆件或管线的一侧注写，如图1-18所示。

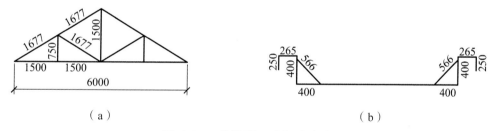

（a）　　　　　　　　　　　　　　　　　（b）

图 1-18　单线图尺寸标注方法

（2）连续排列的等长尺寸，可用"等长尺寸×个数=总长"，如图1-19所示。

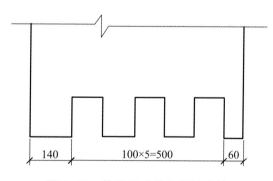

图 1-19　等长尺寸简化标注方法

1.1.6　定位轴线

在建筑施工图中，用来表示承重的墙或柱子位置的中心线称为定位轴线。定位轴线是房屋施工时，砌筑墙身、浇筑柱梁、安装构件等施工定位的重要依据。国标规定主要承重构件应绘制其定位轴线，并对其轴线编号。

（1）定位轴线用细长点画线绘制，在其末端用细实线绘制直径为 8~10 mm 的圆，且圆心在轴线延长线上，编号注写在圆内，且编号宜注写在图样的下方或左侧，水平方向编号采用阿拉伯数字，从左向右依次编写；垂直方向编号用大写拉丁字母，从下至上依次编写，如图 1-20 所示。

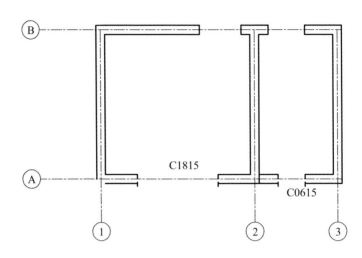

图 1-20 定位轴线编号

★小提示：拉丁字母作为编号注写时应采用大写字母，其中 I、O、Z 不得用作轴线编号，以免与数字 1、0、2 混淆。如果字母不够用，可增用双字母或单字母加数字注脚。

（2）组合较复杂的平面图中，定位轴线也可采用分区编号，其注写形式为"分区号-分区内编号"，此种注写形式采用阿拉伯数字或大写的拉丁字母表示，如图 1-21 所示。

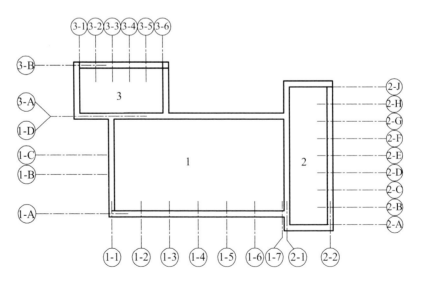

图 1-21 定位轴线的分区编号

（3）附加定位轴线。在建筑物中，有些次要承重构件的轴线编号以分数形式表示，分母表示前一轴线的编号，分子表示附加轴线的编号，且按阿拉伯数字顺序依次编写，如图 1-22（a）所示。在 1 或 A 号轴线前附加轴线，分母用 01 或 0A 表示，分子仍表示附加轴线的编号，如图 1-22（b）所示。

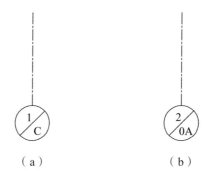

图 1-22 　 附加定位轴线

（4）如果一个详图同时适用于几根轴线，可根据不同情况编号注明，如图 1-23 所示。

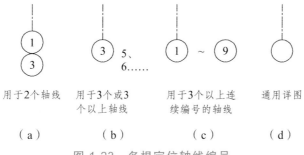

图 1-23 　 多根定位轴线编号

（5）圆形与弧形平面图中的定位轴线，其径向轴线应以角度进行定位，其编号用阿拉伯数字，从左下角或 – 90° 开始，按逆时针顺序编写；其环向轴线宜用大写英文字母表示，按照从内向外的顺序编写，如图 1-24 所示。

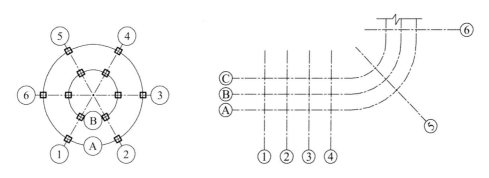

图 1-24 　 圆形、弧形定位轴线

1.1.7 　 符 　 号

1. 剖切符号

1）剖面的剖切符号

剖面的剖切符号由剖切位置线、剖视方向线和剖切编号组成，剖切位置线确定了对图样所要进行剖切的位置，其长度宜为 6～10 mm，剖视方向线垂直于剖切位置线，长度最好在 4～6 mm 之间，剖切位置线和剖视方向线均用粗实线绘制，剖切编号多采用阿拉伯数字，剖切顺序由左至右、从上至下连续编排，并注写在剖视方向线的末端（见图 1-25）。

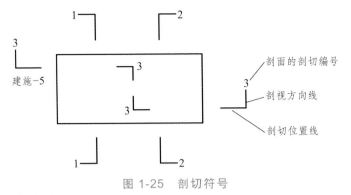

图 1-25　剖切符号

绘制剖切符号的注意事项：

① 需要转折的剖切位置线，应在转角的外侧加注与符号相同的编号；

② 建（构）筑物剖面图的剖切符号应注写在 ±0.000 标高的平面图或首层平面图上；

③ 局部剖面图的剖切符号应注在包含剖切位置的最下面一层的平面图上。

2）断面的剖切符号

断面的剖切符号由剖切位置线和编号组成，剖切位置线长度宜为 6～10 mm，用粗实线绘制；编号采用阿拉伯数字按顺序依次编写，并且标注在剖切位置线一侧，其所在的一侧为该断面的剖视方向，如图 1-26 所示。

★注：如果剖面图或断面图与被剖切的图样不在同一张图纸上，应该在剖切位置线另一侧标注所在图纸的编号。

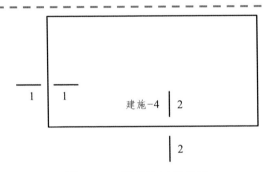

图 1-26　断面的剖切符号

3）平面剖切符号（室内）

平面剖切符号是指在平面图中对各剖立面作出的索引符号，平面剖切符号由剖切引出线、剖视位置线、剖切索引符号组成，如图 1-27 所示。其中剖切引出线贯穿被剖切的全貌位置，以细实线绘制。剖视位置线所在的方向为剖视方向，与索引符号箭头的指向相同；剖切索引符号由圆圈（剖切索引符号上半圆标注以大写英文字母表示的剖切编号，下半圆标注被剖切的图样所在图纸的编号）和表示剖视方向的三角形组成，平面剖切符号的具体规定见表 1-9。

表 1-9　平面剖切符号组成规定

符号 幅面	A0、A1、A2	A3、A4
剖切索引符号圆圈直径	14 mm	12 mm
剖视位置线	1.5 mm	1 mm
文字（字高）	上半圆：5 mm　下半圆：3 mm	上半圆：5 mm　下半圆：3 mm
剖切引出线	细实线绘制	

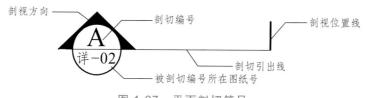

图 1-27　平面剖切符号

2. 索引符号与详图符号

在施工图中,由于建筑物体形较大,其平、立、剖面图均采用小比例绘制,因而某些局部或构件无法表达清楚,需要另外绘制其详图进行表达。为了方便查找平、立、剖面图内某一局部或构件与相应详图的位置关系,对需要用详图表达部分应标注索引符号,相应的,在所绘详图处标注详图符号。

1)索引符号

索引符号是由直径为 8 ~ 10 mm 的圆和水平直径组成,圆和水平直径均用细实线绘制,详图的编号用阿拉伯数字注写在圆内水平直径上方,下半圆内的标注分为两种形式。

(1)所引出的详图与被引的图样在同一张图纸内,那么在圆内水平直径上方用阿拉伯数字注写详图的编号,下半圆内画上"—",如图 1-28(a)所示。

(2)所引出的详图与被引的图样不在同一张图纸内,那么在圆内水平直径上方用阿拉伯数字注写详图的编号,下半圆内注写详图所在图纸的编号,图 1-28(b)表示详图的编号为 4,详图所在的位置是编号为 5 的图纸内;图 1-28(c)表示详图采用的是标准图册编号为 J103 的标准详图,详图为图集第 5 页,编号为 4 的节点。

如果索引符号用于索引剖视详图,应该在引出索引符号的引出线的一侧绘制剖切位置线,引出线在剖切位置线的一侧应视为剖视方向,如图 1-29 所示。

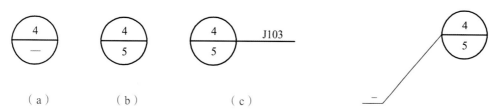

（a）　　　　　　（b）　　　　　　　　（c）

图 1-28　索引符号的注写形式　　　　　　图 1-29　用于索引剖视详图的索引符号

零件、杆件、钢筋、设备等的索引符号的圆应以细实线绘制,直径宜为 5 ~ 6 mm;消火栓、配电箱、管井等的索引符号的圆的直径宜为 4 ~ 6 mm,相应的圆内编号缩小,其他标准不变。

2)室内立面索引符号

立面索引符号用于在平面图中对各部分立面作出的索引符号。立面索引符号由直径为 14 mm（A0、A1、A2 幅面）或 12 mm（A3、A4 幅面）的圆圈和确定透视方向的三角形共同组成,圆圈内上半圆内的为阿拉伯数字,表示立面编号;下半圆内的数字表示该立面所在图纸编号,如图 1-30所示。

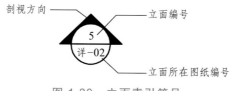

图 1-30　立面索引符号

三角方向随立面投视方向而变,但圆圈中水平直线、数字及字母方向不变,如图 1-31 所示。

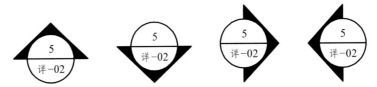

图 1-31　不同方向的立面索引符号

立面索引符号宜按顺时针方向连续排列，且可组合在一起，如图 1-32 所示。

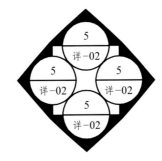

图 1-32　组合的立面索引符号

3）节点剖切索引符号

为了清晰地表达平面、立面、剖面等图中的某一局部或构件，需另见详图，应以节点剖切索引符号表达。节点剖切索引符号为索引符号和剖切符号共同组成，如图 1-33 所示。

图 1-33　节点剖切索引符号

4）大样图索引符号

为了进一步表明图样中某一局部，需要引出后放大，另见详图，以大样图索引符号表达。大样图索引符号由大样符号和引出符号组成，其中引出符号由引出圈和引出线组成，引出圈框定被放样的大样图范围，范围较小时可以以圆形画出引出圈，较大时则采用倒弧角的矩形，以细虚线绘制，引出线和大样符号均采用细实线。大样符号的直径、圆内文字均与剖切索引符号圆圈直径相同，如图 1-34 所示。

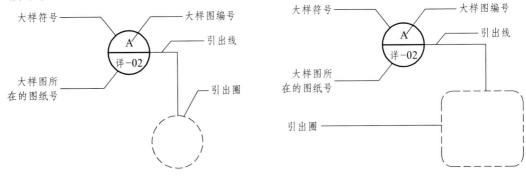

图 1-34　大样图索引符号

5）详图符号

与索引符号相对应的是详图符号，详图符号的圆是以直径为 14 mm 的粗实线绘制，其标注也分为以下两种形式。

（1）所引出的详图与被引的图样在同一张图纸内，详图符号的圆内不绘制水平直径，仅用阿拉伯数字注明详图编号即可，如图 1-35（a）所示。

（2）所引出的详图与被引的图样不在同一张图纸内，用细实线绘制水平直径，并在水平直径上方注明详图编号，下方注明索引图样的编号，如图 1-35（b）表示被索引的图样的图纸编号为 4，详图的编号是 5。

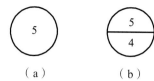

图 1-35　详图符号的注写形式

3. 引出符号

如需对图纸内某一局部或节点进行说明，可用引出线引出，并用文字注明内容，引出线应以细实线绘制，宜采用水平直线或与水平方向成 30°、45°、60°、90°的直线，或经这些角度后再折为水平线。注明文字一般注写在水平线上方或末端，如图 1-36 所示。

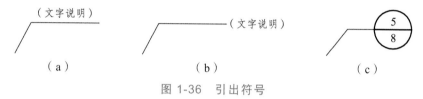

图 1-36　引出符号

需同时对几个相同部位引线并进行说明时，宜采用如图 1-37 所示两种形式。

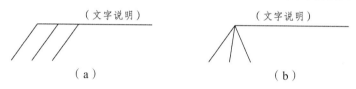

图 1-37　详图符号的注写形式

如多层构造或多层管道共用引出线时，应分别在各层结构内点一圆点，并使引出线通过各个圆点，在引出线另一端连接几个水平直线，注写各层相关文字说明（在水平线上方或末端），若层次为纵向排列，说明的顺序应与被说明的各层从上至下相对应，如图 1-38（a）、（b）所示；若层次为横向排列，说明顺序从上至下对应从左至右的各层结构，如图 1-38（c）所示。

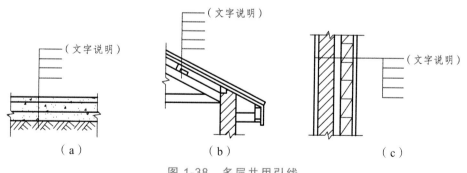

图 1-38　多层共用引线

4. 标高

绝对标高：我国把青岛附近黄海平均海平面定位为绝对标高的零点，其他各地标高都以它为基准。

相对标高：在建筑施工图中需要标注很多标高，如果用绝对标高会导致数字烦琐，且不易算出各部位之间的高差。所以，在建筑工程图纸中，仅总平面图中采用绝对标高，其他图纸中采用设定的相对标高。我们把首层室内主要地面标高定位成对标高的零点，建筑中其他部位或结构的标高均以此零点标高为基准，并在建筑工程图中的总说明中说明相对标高与绝对标高的关系。

建筑物中的某一部位与确定的水准基点的高差称为该部位的标高。在图纸中，用标高符号表明某一部位的标高。标高符号应以倒置的等腰直角三角形表示，水平边与一水平直线连接，标高符号均由细实线绘制，其具体的绘制尺寸如图 1-39（a）所示；如果标注标高的位置不够，可用引出线引出，并采用图 1-39（b）所示的绘制形式。

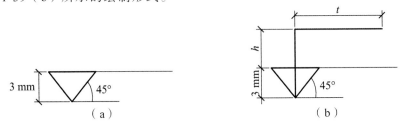

图 1-39　标高符号

规定在标高符号的右上方、右方和上方注写数字，如图 1-40（a）所示，在单体建筑物的施工图中注写到小数点后的第三位，在总平面图中注写到小数点后的第二位，零点的标高应写成 ± 0.000，零点以下的标高应在数字前加 "－"，零点以上的标高无需加 "+"。如果同时标注几个不同标高，可采用图 1-40（b）的形式。

总平面和底层平面图中的室外平整地面的标高符号的三角形需涂黑，其尺寸同上，但不需要加水平线，如图 1-40（c）所示。

图 1-40　标高注写方式

5. 指北针与风向频率玫瑰图

1）指北针

指北针用来指明建筑的朝向。一般在建筑总平面图和首层平面图中均绘制指北针，方便判断建筑的朝向。指北针的形状如图 1-41（a）所示，其圆用细实线绘制，直径宜为 24 mm，指针过圆心，其尾部宽度为 3 mm，指针头部的上方注有 "N" 或 "北" 字。如果需要绘制较大的指北针，指针尾部的宽度宜为直径的 1/8。

2）风向频率玫瑰图

风向频率玫瑰图是根据某一地区多年平均统计的各个方向吹风次数的百分数值，按一定比例绘制的，一般用 8 或 16 个方位表示，如图 1-41（b）所示，图中距离中心点最远的折线顶点表示该方向的风的频率最高，称为常年主导风。

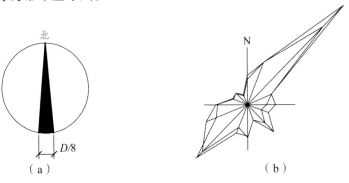

图 1-41　指北针和风玫瑰图

6．其他符号

1）对称符号

对称符号是由对称线和两端的两对平行线组成，且互相垂直。对称线和平行线分别由细长点画线和细实线绘制，对称线的长度依图样内容而定，两个平行线的间距是 2～3 mm，其长度为 6～10 mm，对称线两端超出平行线 2～3 mm，其绘制形式如图 1-42 所示。

2）连接符号

需要连接的部位，应以折断线表示，如图 1-43 所示。两部位相距过远时，折断线两端靠图样一侧应标注大写拉丁字母表示连接编号，被连接的图样应用同一字母编号。

3）变更云线

对图纸中局部变更的部分宜采用云线，并宜注明修改版次，如图 1-44 所示。

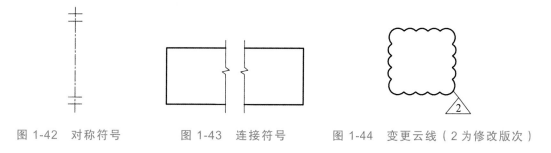

图 1-42　对称符号　　　　图 1-43　连接符号　　　　图 1-44　变更云线（2 为修改版次）

1.2　绘图工具的使用

绘制建筑工程图纸，要求必须严谨，必须使用专业绘图工具，在使用工具前要熟悉了解工具的构造、性能和特点，掌握其正确的使用方法以及维护、保存方式。

1.2.1　图板、丁字尺、三角板的使用

1．图板

图板用于铺放图纸，绘图时用胶带将图纸固定在图板上，从而绘制图形，图板要求表面平整、光滑，防止受潮、曝晒，以免图板变形，影响绘图准确性。绘图板尺寸规格与图纸相对应，其规格与尺寸关系如表 1-10 所示。

表 1-10　绘图板规格与尺寸关系（mm）

尺寸　　　　规格	A0	A1	A2	A3
$b \times l$	1200×900	900×600	600×450	450×300

2．丁字尺

丁字尺由互相垂直的尺身和尺头组成，绘图时，以尺头紧靠在图板的左侧，上下推动，进而由左向右画水平线。尺头不允许靠在图板的右侧或上下两侧，且只能用来绘制水平线。其使用方法如图 1-45 所示。

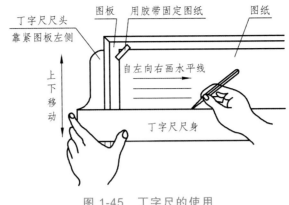

图 1-45　丁字尺的使用

★小提示：丁字尺的存放宜采用垂直悬挂的方式，以防尺身弯曲变形。

3.　三角板

三角板可与丁字尺配合使用，绘制垂直线时，应从下向上运笔；也可以绘制与水平方向成30°、45°、60°、75°等的倾斜线，如图 1-46（a）所示。

两块三角板配合使用可绘制出任意直线的平行线或垂直线，如图 1-46（b）所示。

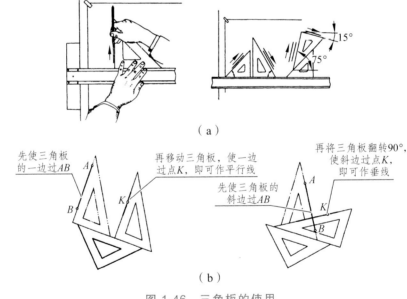

图 1-46　三角板的使用

1.2.2　比例尺

比例尺是用来缩小（或放大）图形的绘图工具，常用的比例尺为三棱比例尺，共有 6 种不同比例的刻度，分别为 1∶100、1∶200、1∶250、1∶300、1∶400、1∶500。绘图时无需计算，直接选取所需的比例，量取数值画线。

1.2.3　圆规、分规

1.　圆规

圆规是用来绘制圆或圆弧的工具。使用前应将定圆心的钢针的台肩调整与铅芯末端平齐，且铅芯应深处芯套 6～8 mm，画圆或圆弧时，应使圆规沿顺时针方向转动，并且稍微向画线方向倾斜，画较大的圆时应加延伸杆，具体使用方法如图 1-47 所示。

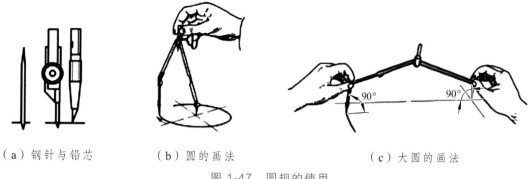

（a）钢针与铅芯　　　　　（b）圆的画法　　　　　　（c）大圆的画法

图 1-47　圆规的使用

2. 分规

分规主要用于量取尺寸和截取线段，其形状与圆规相似，但有两只钢针，使用时应将两只钢针调整平齐。

1.2.4　针管笔、铅笔

1. 针管笔

针管笔是专门用于绘制墨线线条的工具，有一次性使用和注水使用两种，其有 0.1、0.3、0.5、0.7、0.8、0.9、1.0 mm 等多种规格，可画出宽窄不同的墨线，画线时应保持均速、用力适当。

2. 铅笔

制图时，宜用 2H 或 H 的铅笔画底稿，用 B 或 2B 的铅笔加深图线，HB 用来注写文字或加深图线等。铅笔要削成圆锥形，长 20～25 mm，铅芯露出 6～8 mm，画线时要使铅笔稍微倾斜，用力要自然、均匀，如图 1-48 所示。

> ★注意：画线时铅笔笔尖要紧贴尺身底部，以免造成误差。

图 1-48　铅笔的使用（单位：mm）

1.2.5　模板、曲线板

1. 模板

制图模板上有多种符号、图例，为了提高绘图质量与速度，可直接透过模板绘制，常用的模板有圆模板、方模板以及装饰绘图模板等，如图 1-49 所示。

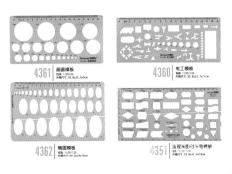

图 1-49　模板

2．曲线板

曲线板是用来绘制非圆弧曲线的工具，绘图时，先定出确定曲线的点，徒手用光滑的曲线将各个点连接起来，然后根据曲线弯曲，选择曲线板合适的部位，沿着曲线板边缘将曲线绘制出来，图1-50为曲线板样式。

图 1-50　曲线板

1.2.6　擦线板

擦线板为擦去铅笔制图过程不需要的稿线或错误图线，并保护邻近图线完整的一种制图辅助工具，厚度为 0.3 mm 左右。擦线板上有许多不同形状的槽孔，包括长条形、方形、三角形、圆弧条形、圆形等，如图 1-51 所示。

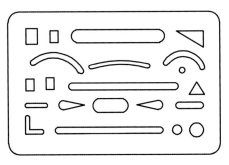

图 1-51　擦线板

除了上述工具外，绘图时还要准备削铅笔的小刀、磨铅芯的砂纸、橡皮以及固定图纸的胶带纸等。

第 2 章　投影知识

2.1　投影概述

2.1.1　投影的形成

　　生活中，我们处处都能看到影子，影子的形成是一种自然现象，光线（太阳光、灯光等）照射在物体上，就会在墙面或地面产生影子。在灯光下放置一个物体，通过光线的照射，就会在地面上形成影子。但是，"影子"只能反映物体外部轮廓形状，如果假想物体的面是透明的，轮廓线是不透明的，从光源发出的投射线（光线）可以穿过物体，那么在投影面（墙面、地面等）上形成的图形，我们称为投影，如图 2-1 所示，投影可以看作是从影子现象中抽象出来的。

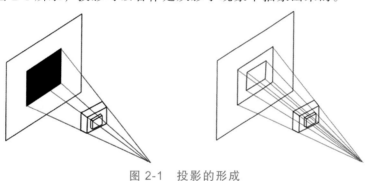

图 2-1　投影的形成

★小提示：投影的形成有三个基本要素 —— 投射线、物体、投影面。

2.1.2　投影的分类

　　根据投射中心距离投影面的远近，可以将投影分为中心投影和平行投影。

1．中心投影

　　当投射中心距投影面有限远时，所有投射线均从投射中心发出，呈发散状，此时所产生的投影称为中心投影，如图 2-2（a）所示。

2．平行投影

　　当投射中心距投影面无限远时，投射线趋于平行，此时所产生的投影称为平行投影。根据投射线与投影面垂直与否，可将平行投影分为正投影和斜投影。

（1）正投影：投射线垂直于投影面，称为正投影，如图 2-2（b）所示。

（2）斜投影：投射线不垂直于投影面，即与投影面呈非 90°的平行投影，称为斜投影，如图 2-2（c）所示。

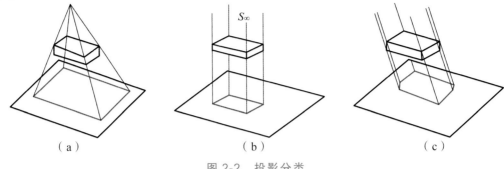

（a）　　　　　　　　　　（b）　　　　　　　　　　（c）

图 2-2　投影分类

2.2　三面正投影图

如图 2-3 所示，在空间放置两个不同形状的形体，经投射线照射后在投影面上形成相同的投影图，那么我们可以断定：根据一个投影不能真实、完整地表达空间形体的形状。经过证明，一般情况下，至少需要三个投影才能确定空间形体的形状。

图 2-3　投影的确定

2.2.1　三面正投影图的形成

在物体的正面、侧面和水平面分别放置三个投影面，使其互相垂直，形成三面正投影体系，如图 2-4（a）所示，V 面反映物体的正面、W 面反映物体的侧面、H 面反映物体的水平面，那么相应的，物体在 V 面上得到的投影为正投影图，在 W 面上得到的投影为侧投影图，在 H 面上得到的投影为水平投影图。

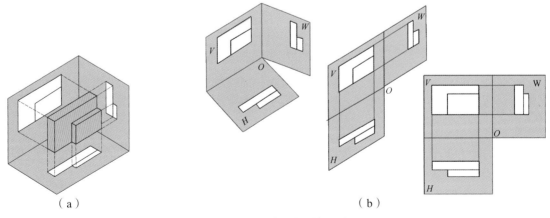

（a）　　　　　　　　　　　　　　　　（b）

图 2-4　三面投影图的形成

为了方便绘图，将三个立体空间的投影面展开至一个平面上，首先保持 V 面不动，将 H 面沿 ox 轴向下翻转 90°，然后将 W 面沿 oz 轴向右翻转 90°，最后三个投影面在同一个平面上，如图 2-4（b）所示。

2.2.2　三面正投影图的规律

三个投影面展开后，正投影面在左上方，水平投影面在正投影面正下方，且正面投影与水平投影共同反映物体的长；侧投影面在正投影面右侧，两者共同反映物体的高；水平投影和侧投影共同反映物体的宽。根据三面正投影图的对应关系，我们总结出：

正面、平面长对正 —— 等长；

正面、侧面高平齐 —— 等高；

侧面、平面宽相等 —— 等宽。

"长对正、高平齐、宽相等"是绘制三面正投影图必须遵循的原则。

2.2.3　三面正投影图的画法

根据图 2-5 所示立体图，绘制其三面投影图。

三面正投影图绘制步骤如下所示。

（1）首先画出水平和垂直的十字相交的投影轴线，量取组合体的长和高，将其正面投影图绘制在投影轴的左上方，如图 2-6（a）所示。

（2）根据三等关系，沿着正面投影图的垂直边向下引垂线，进而画出水平投影图，再沿着正面投影图的水平边向右引水平线，如图 2-6（b）所示。

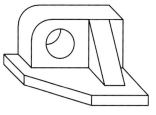

图 2-5　组合体

（3）利用水平投影图和侧面投影图的等宽关系，从 o 点向右下方引与水平线呈 45°的斜线，然后由水平投影图向右引线，与 45°线相交后，由交点向上引垂线，如图 2-6（c）所示。

（4）最后根据水平与垂直引线画出侧面投影图，如图 2-6（d）所示。

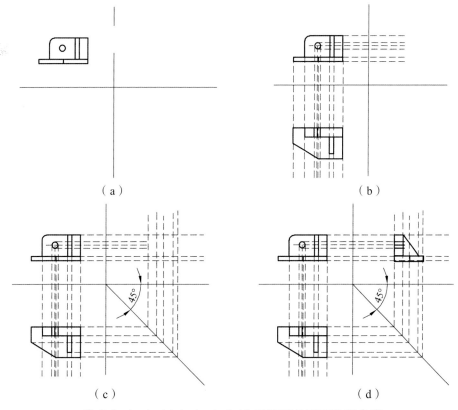

（a）　　　　　　　　　　　　（b）

（c）　　　　　　　　　　　　（d）

图 2-6　（a）、（b）、（c）、（d）三面正投影图绘制步骤

2.3 剖面图与断面图

2.3.1 剖面图

1. 剖面图的形成

假想用一个平面把物体切开，移去观察者和剖切面之间的部分，将余下部分向投影面投影，所得到的正投影图称为剖面图，如图2-7所示。

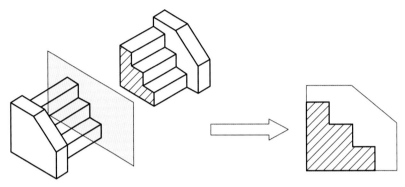

图2-7 剖面图的形成

一般情况下，剖切平面与投影面平行，并通过物体的主要轴线、对称线或孔、洞的中心线。物体与剖切平面接触部分的轮廓线用粗实线绘制，未与剖切平面接触但可见的部分用细实线绘制，被剖切的部分露出物体的内部结构，其应以相应的建筑材料图例表示（见表2-1），如不需表明材料时可采用平行、等距、与水平方向成45°的细实线填充。

表2-1 建筑材料图例

序号	名称	图例	备注
1	自然土壤		包括各种自然土壤
2	夯实土壤		
3	砂、灰土		靠近轮廓线绘较密的点
4	砂砾石、碎砖三合土		
5	石材		
6	毛石		
7	普通砖		包括实心砖、多孔砖、砌块等砌体。断面较窄不易绘出图例线时，可涂红
8	耐火砖		包括耐酸砖等砌体
9	空心砖		指非承重砖砌体
10	饰面砖		包括铺地砖、马赛克、陶瓷锦砖、人造大理石等
11	焦渣、矿渣		包括与水泥、石灰等混合而成的材料
12	混凝土		（1）本图例指能承重的混凝土及钢筋混凝土； （2）包括各种强度等级、骨料、添加剂的混凝土； （3）在剖面图上画出钢筋时，不画图例线； （4）断面图形小，不易画出图例线时，可涂黑
13	钢筋混凝土		
14	多孔材料		包括水泥珍珠岩、沥青珍珠岩、泡沫混凝土、非承重加气混凝土、软木、蛭石制品等

序号	名称	图例	备注
15	纤维材料		包括矿棉、岩棉、玻璃棉、麻丝、木丝板、纤维板等
16	泡沫塑料材料		包括聚苯乙烯、聚乙烯、聚氨酯等多孔聚合物类材料
17	木材		（1）上图为横断面，上左图为垫木、木砖或木龙骨； （2）下图为纵断面
18	胶合板		应注明为×层胶合板
19	石膏板		包括圆孔、方孔石膏板、防水石膏板等
20	金属		（1）包括各种金属； （2）图形小时，可涂黑
21	网状材料		（1）包括金属、塑料网状材料； （2）应注明具体材料名称
22	液体		应注明具体液体名称
23	玻璃		包括平板玻璃、磨砂玻璃、夹丝玻璃、钢化玻璃、中空玻璃、加层玻璃、镀膜玻璃等
24	橡胶		
25	塑料		包括各种软、硬塑料及有机玻璃等
26	防水材料		构造层次多或比例大时，采用上面的图例
27	粉刷		本图例采用较稀的点

★小提示：剖切是假想的，剖切后的形状只反映在相应的剖面图上，并不影响其他视图的绘制，同一物体无论作多少次剖切，都应按完整物体考虑。

2. 剖切符号

剖面图的剖切符号由剖切位置线、剖切方向线和剖切编号组成。剖切位置线确定对物体进行剖切的具体位置，剖切方向线与剖切位置线垂直，如果剖切方向线在剖切位置线右侧，则表示对物体剖切后向右投影，编号表示剖面图的图名，如图 2-8 所示。

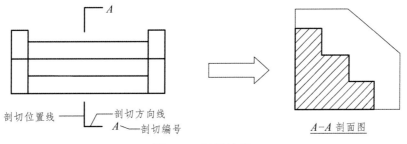

剖切位置线　剖切方向线　剖切编号　　　　A-A 剖面图

图 2-8　剖切符号

3. 剖面图的种类

根据不同的剖切方式，可将剖面图分成多种类型，常用的有全剖面图、半剖面图、阶梯剖面图、局部剖面图、分层剖面图等。

1）全剖面图

用一个剖切平面将物体完全切开所得到的剖面图称为全剖面图，如图 2-9 所示。全剖面图适用于内部结构比较复杂且不对称的形体。

2）半剖面图

当形体具有对称性时，就不必画出全剖面图，可以以对称中心线为界，一半画投影图，一半画剖面图，这种剖面图称为半剖面图，如图 2-10 所示。

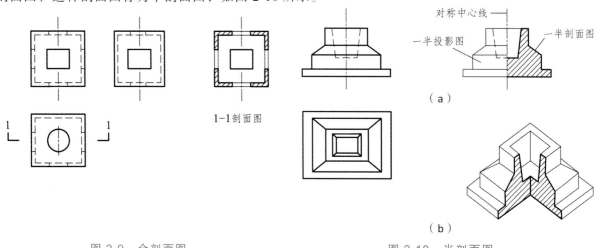

图 2-9　全剖面图　　　　　　　　　　　　　　　图 2-10　半剖面图

★小提示：绘制半剖面图时，剖面图通常情况下画在对称中心线的右侧或下侧。

3）阶梯剖面图

用两个互相平行的剖切平面对物体进行剖切，得到的剖面图为阶梯剖面图（见图 2-11），这种剖切方式适合内部较复杂的形体。

画阶梯剖面图的注意事项有以下两点。

（1）剖切平面不论有多少个，均采用统一编号。

（2）阶梯剖面图中，剖切平面转折处的轮廓线不画出。

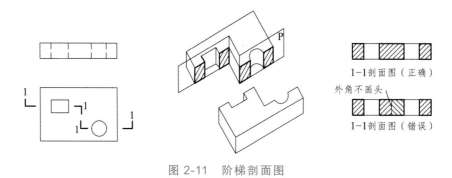

图 2-11　阶梯剖面图

4）局部剖面图

用剖切平面局部地剖开物体所得的剖面图称为局部剖面图，如图 2-12 所示，外部投影图与剖面图的界线为波浪线。

画局部剖面图的注意事项有以下两点。

（1）波浪线不应超出形体的轮廓线，也不应画在形体的孔、洞之内。

（2）波浪线不应与图形轮廓线重合。

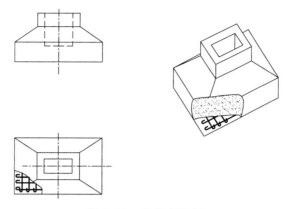

图 2-12　局部剖面图

5）分层剖面图

对于建筑结构层的多层构造，可用一组平行的剖切面按构造层次逐层局部剖开，称为分层剖面图，如图 2-13 所示。这种方法常用来表达房屋的地面、墙面、屋面等处的构造。

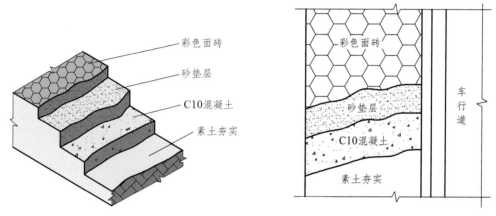

图 2-13　分层剖面图

2.3.2　断面图

1. 断面图的形成

假想用一个平面把物体切开，仅画出剖切平面与物体接触的部分（即切口实形）所得到的图形，称为断面图（见图 2-14）。

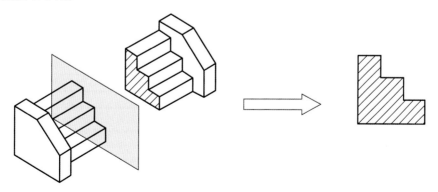

图 2-14　断面图的形成

★ 剖面图与断面图的区别：
剖面图 —— 要画出剖切平面后沿投影方向能看到的所有部分的投影。
断面图 —— 仅画出剖切平面与物体接触部分的图形，即切口实形。

2. 断面图的剖切符号

断面图的剖切符号仅由剖切位置线和剖切编号组成，剖切编号一般情况下在剖切位置线的一侧，其所在的一侧就是剖切后的投射方向（见图 2-15）。

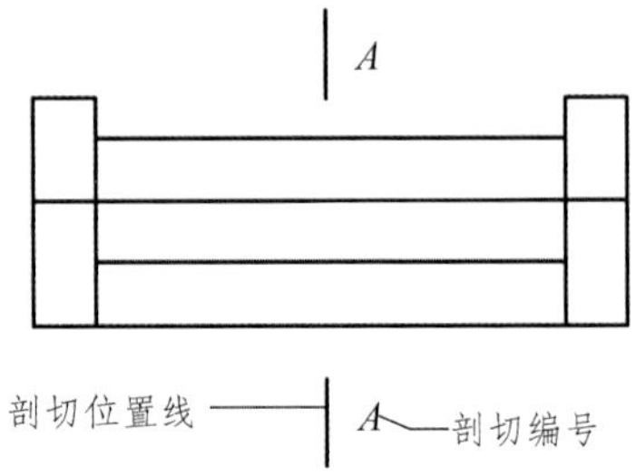

3. 断面图的种类

依据断面图与投影图的位置关系分为移出断面图、重合断面图和中断断面图三种。

（1）移出断面图：将断面图画在投影图之外，称为移出断面图，如图 2-16 所示。

（2）重合断面图：将断面图画在投影图之中，与投影图重合，称为重合断面图，如图 2-17 所示。

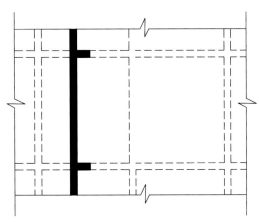

图 2-15　断面图的剖切符号

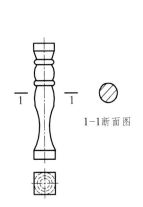

图 2-16　移出断面图

图 2-17　重合断面图

（3）中断断面图：将断面图画在投影图的中断处，称为中断断面图，如图 2-18 所示。

★ 注意：重合断面图和中断断面图可以不标注断面符号。

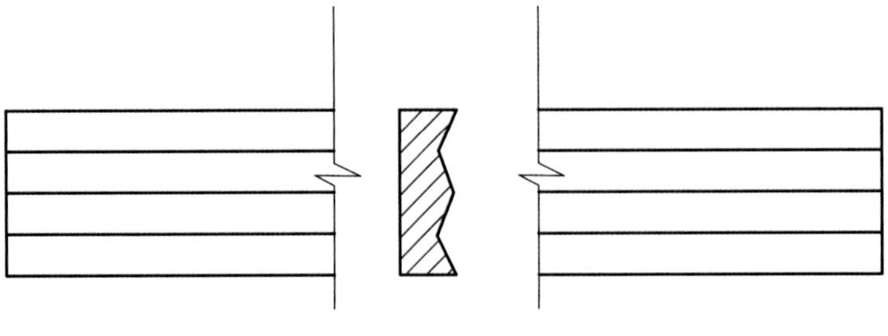

图 2-18　中断断面图

第 3 章 轴测投影图

第3、4章课件

◆ **学习目标**

通过学习，掌握正轴测图、斜轴测图、轴间角、轴向伸缩系数等知识点；会采用坐标法、切割法、叠加法和综合法等方法绘制轴测图。

◆ **学习重点**

掌握正等轴测图和斜二测图的画法，根据不同的形体和需求正确选择轴测图的类型。

3.1 轴测图的基本知识

3.1.1 轴测图的相关概念

将物体连同确定其空间位置的直角坐标系，沿不平行于任何坐标面的方向，用平行投影的方法将其投射在单一投影面上所得到的图形称为轴测投影图，简称轴测图。轴测图可以同时反映物体长、宽、高三个方向的尺度，具有立体感。

轴测分为正轴测图和斜轴测图。物体的坐标面与投影面不平行，且投射方向与轴测投影面垂直，所得到的是正轴测图；物体的坐标面与投影面平行，且投射方向倾斜于轴测投影面，所得到的是斜轴测图。

空间坐标轴 OX、OY、OZ 在轴测投影面上的投影 O_1X_1、O_1Y_1、O_1Z_1 称为轴测投影轴，简称轴测轴，轴测轴之间的夹角称为轴间角；轴测单位长度与空间坐标长度之比，称为轴向伸缩系数。X 轴的轴向伸缩系数为 $O_1A_1/OA=P$，Y 轴的轴向伸缩系数为 $O_1B_1/OB=q$，Z 轴的轴向伸缩系数为 $O_1C_1/OC=r$。

3.1.2 轴测投影的基本特性

由于轴测投影图是用平行投影法作出的平行投影图，因此它具有平行投影的特性，具体性质如下。

1．平行性

空间中平行的两条直线，其在轴测投影中仍然是平行的。

2．定比性

点分空间线段之比等于其点分对应轴测投影之比。

3．实形性

当空间中的直线或平面图形平行于投影面时，其轴测投影反映真实形状。

4．从属性

如空间中一点属于一直线，那么该点的轴测投影也在该直线的轴测投影上。

3.1.3 轴测投影的分类

（1）根据投影方向与投影面是否垂直，轴测投影可分为如下两种。

正轴测图：投射线垂直于轴测投影面。

斜轴测图：投射线倾斜于轴测投影面。

（2）根据三个轴向伸缩系数是否相等可分为如下三种。

等轴测投影：三个轴向伸缩系数相等，$p=q=r$。

二等轴测投影：任意两个轴向伸缩系数相等，$p=q\neq r$，$p\neq q=r$ 或 $p=r\neq q$。

三等轴测投影：三个轴向伸缩系数都不相等，$p\neq q\neq r$。

如表 3-1 所示，可直观表达轴测图的分类。其中斜轴测又分为水平斜轴测（投射线向水平投影面上投射得到的）和正面斜轴测（投射线向正投影面上投射得到的）。综上所述，现列出不同轴测投影的轴间角和轴向伸缩系数，如表 3-1 所示。

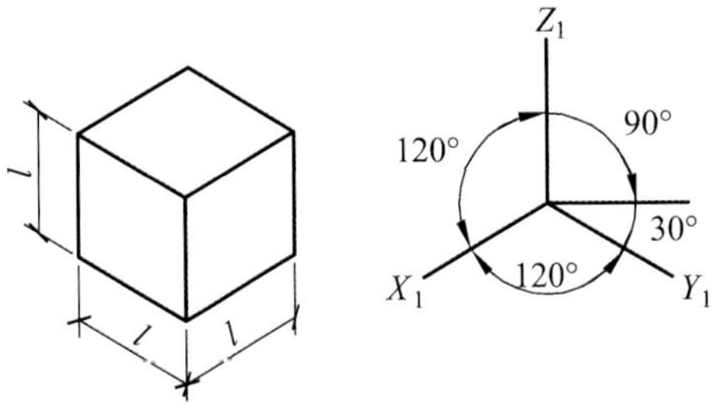

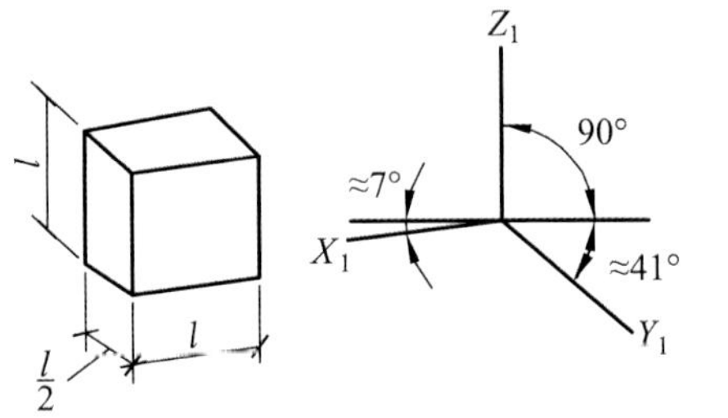

表 3-1　不同轴测投影的轴间角、轴向伸缩系数

类型		轴测投影的轴间角、轴向伸缩系数	
正轴测		正等测 $p=q=r=1$	正二测 $p=r=1$，$q=1/2$
斜轴测	正面斜轴测	正面斜等测 $p=q=r=1$	正面斜二测 $p=r=1$，$q=1/2$
	水平斜轴测	水平斜等测 $p=q=r=1$	水平斜二测 $p=q=1$，$r=1/2$

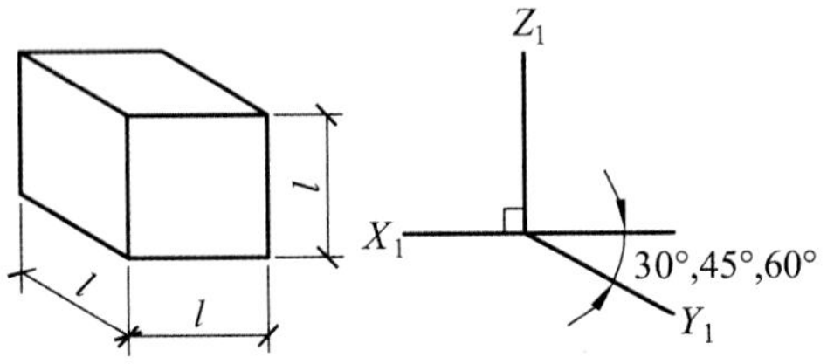

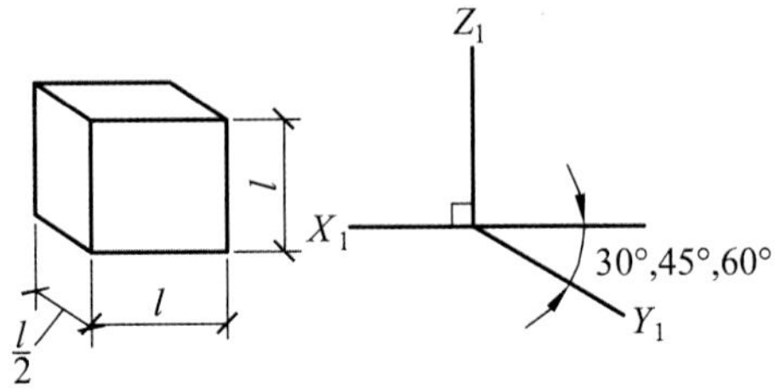

3.1.4 轴测投影的绘制方法

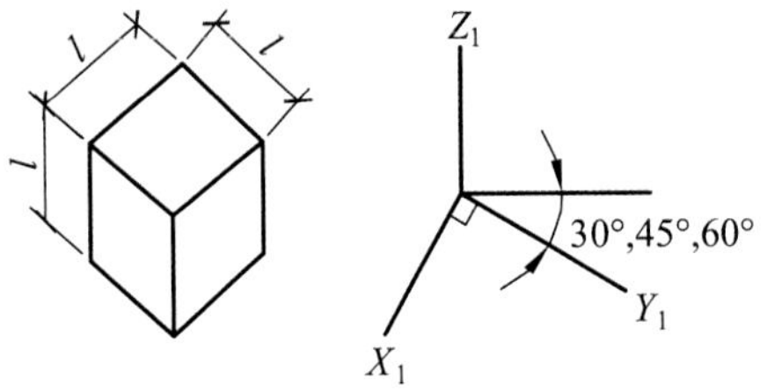

（1）坐标法：根据物体上各点坐标，作出它们的轴测投影后再连线。

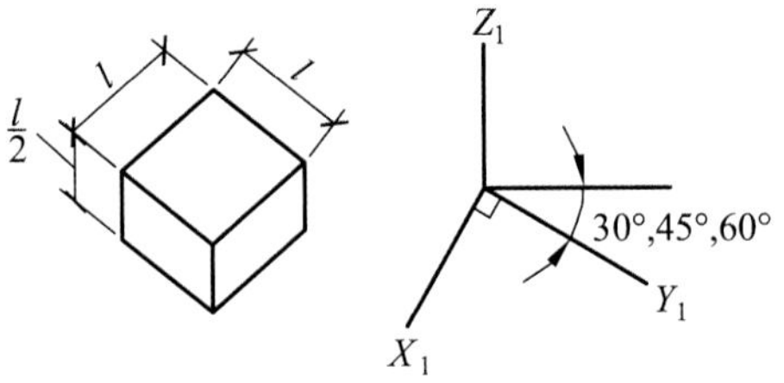

（2）叠加法：根据物体各部分的相对位置，逐次作出它们的轴测投影。

（3）切割法：根据物体被切割的次序，逐次作出被切割后的轴测投影。

（4）综合法：用叠加法和切割法进行综合作图，绘制物体的轴测投影。

3.2　正轴测图

正轴测分为正等轴测和正二轴测。

3.2.1　正等轴测图基本知识

物体的三根坐标轴与轴测投影面的角相等，并用正投影法得到的轴测图称为正等轴测图，简称正等测。

正等测中，由于三个坐标轴与投影面的倾角相等，均为 $35°16'$，所以其轴间角均为 $120°$，按照习惯，通常将 Z 轴垂直绘制，如图 3-1 所示。

三个轴向伸缩系数 $p=q=r=\cos35°16'≈0.82$。为了方便作图，将轴向伸缩系数简化成 1，轴测图比实际物体大，但对图形并没有影响，如图 3-2 所示。

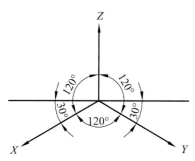

图 3-1　正等测图的轴间角

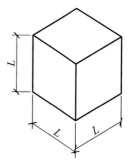

（a）按轴向伸缩系数绘制　　（b）按简化轴向伸缩系数绘制

图 3-2　轴向伸缩系数简化前后区别

3.2.2　正等轴测图的绘制步骤

1. 平面立体的画法

如图 3-3 所示为已知的三面正投影图，根据其绘制该物体的正等轴测图。

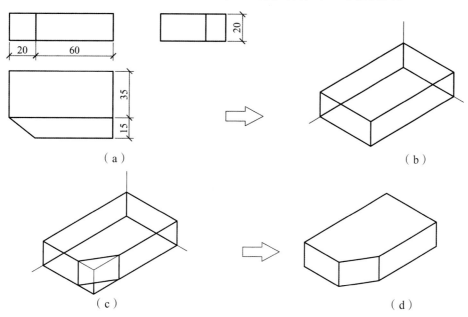

（a）　　　　　　　　　　（b）

（c）　　　　　　　　　　（d）

图 3-3　平面立体正等轴测图的画法

（1）看懂三视图，想象整个物体的形状。通过读图可以看出该物体为一个被切掉一个角的四棱柱，可以采用坐标法和切割法来绘制其正等轴测图。

（2）在三视图中选取物体的坐标原点。

（3）建立正等轴测图的坐标系。

（4）选定轴测轴，量取物体的长和宽，沿着 X_1 和 Y_1 轴方向画出四棱柱的底平面。再量取物体的高度，沿着 Z_1 轴从四个点向上画出高，最后连接四个顶点。

（5）最后在四棱柱的基础上量取、切除三棱柱。

2. 圆的画法

（1）选取坐标原点，作圆的外切正方形，如图 3-4（a）所示。

（2）建立坐标系，并量取圆的直径，沿着坐标轴画出外切正方形及对角线，如图 3-4（b）所示。

（3）如图 3-4（c）所示，连点定圆心及切点。

（4）分别以 A、B、C、D 为圆心，画出四段圆弧，再用圆滑的曲线描出，即画出圆的正等轴测图，如图 3-4（d）所示。

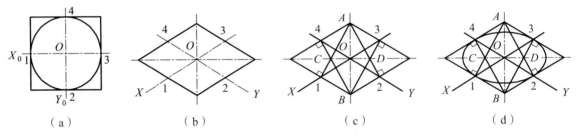

（a）　　　　　　（b）　　　　　　（c）　　　　　　（d）

图 3-4　圆的正等轴测图的画法

3.3　斜轴测图

物体的坐标面平行于投影面，投射线倾斜于投影面，所得到的投影图称为斜轴测图。斜轴测图反映物体的实形。其具体的绘制方法和正等轴测图一样，其中水平斜二测多用来反映建筑或景观鸟瞰效果。

第4章 建筑施工图

◆ **学习目标**

　　通过学习，了解建筑施工图的种类与内容，掌握建筑施工图的识读与绘制。

◆ **学习重点**

　　掌握建筑施工图的识读与绘制。

4.1 建筑施工图的基本知识

　　设计人员按照国家标准相关规定，将建筑物的外部形状、尺寸大小、内部布置以及各部位的结构、构造、装修、设备等内容，通过正投影的形式，详细准确地绘制在图纸上，并以此作为指导施工的依据，这样一套全面、准确、详尽的图纸，称为建筑施工图。

　　建一栋房屋需要经过设计和施工两个主要阶段，设计阶段完成后，开始进入施工图设计阶段，在已经审定的初步设计方案的基础上，进一步解决实用问题，进而深化和完善初步设计，最终形成一套完整、正确、详细的房屋施工依据图纸。

4.1.1 建筑工程图的种类

　　一套完整的建筑工程图，按照内容和专业，一般情况下分为建筑施工图、结构施工图及设备施工图等。

1. 建筑施工图

　　建筑施工图简称建施，主要反映建筑物的外形、大小、内部装修布置、细部构造以及施工要求等，是房屋施工时定位放线、砌筑墙身、制作楼梯、安装门窗、固定设施以及室内外装饰装修、编制工程预算和施工组织计划等的主要依据。建筑施工图包括首页、总平面图、平面图、立面图、剖面图以及建筑构造详图。

2. 结构施工图

　　结构施工图简称结施，主要反映建筑物承重结构的平面布置情况、构造类型、尺寸大小、安装做法以及其他专业对结构设计的要求等，是房屋施工时开挖地基、制作构件、绑扎钢筋、设置预埋件，以及安装梁、板、柱等构件的主要依据。基本图纸包括结构设计说明、基础图、结构平面图和构件详图。

3. 设备施工图

　　设备施工图简称设施，包括给排水施工、供暖通风施工以及电气照明施工等设备的平面布置图、系统轴测图以及其详图，是室内布置管道或线路和安装各种设备、配件或器具的主要依据，也是编制工程预算的主要依据。

4.1.2 建筑施工图的识读

施工图首页通常包括图纸目录、设计说明、门窗表以及装修措施表等，具体形式如表4-1所示。

设计说明以文字或表格形式对本工程概况进行介绍，比如平面图的形式、位置、层数、建筑面积结构形式及各部分构造做法。

表 4-1 建筑施工图首页内容

图纸目录				
序号	图号	图纸名称	图幅	备注
1	建施-00	总平面图	A2	加长1/2
2	建施-01	图纸目录	A2	
3	建施-02	设计说明	A1	加长1/4
4	建施-03	B3#楼 一层平面图	A2	
5	建施-04	B3#楼 二层平面图	A2	
6	建施-05	B3#楼 标准层平面图	A2	
7	建施-06	B3#楼 机房层平面图	A2	
8	建施-07	B3#楼 屋面排水示意图	A2	
9	建施-08	B3#楼 ⑭—⑱ 轴立面图	A1	
10	建施-09	B3#楼 ⑱—⑭ 轴立面图	A1	
11	建施-10	B3#楼 ⑭—⑱ 轴立面图	A2	加长1/4
12	建施-11	B3#楼 ⑭—⑱ 轴立面图	A2	加长1/4
13	建施-12	B3#楼 1-1剖面图	A2	加长1/4
14	建施-13	B3#楼 2-2剖面图	A2	加长1/4
15	建施-14	B3#楼 3-3剖面图	A2	加长1/4
16	建施-15	B3#楼 一单元 标准层单元放大平面图	A1	
17	建施-16	B3#楼 二单元 标准层单元放大平面图	A1	
18	建施-17	室内装修做法表	A2	加长1/4
19	建施-18	门窗表 门窗大样图	A2	加长1/4
20	建施-19	节点详图A	A2	加长1/2
21	建施-20	节点详图B	A2	加长1/2
22	建施-21	节点详图C	A2	加长1/4
23	建施-22	节点详图D	A2	加长1/2
24	建施-23			
25	建施-24			
26	建施-25			
27	建施-26			
28	建施-27			
29	建施-28			
30	建施-29			
31	建施-30			

设计说明

1 设计依据

1.1 本工程的建设主管单位审批通过的初步设计文件及批复文件；

1.2 现行的国家有关建筑设计规范、规程和规定。

1.2.1 民用建筑设计通则<GB50352-2005>

1.2.2 住宅设计规范<GB50096-1999>

1.2.3 住宅建筑规范<GB50368-2005>

1.2.4 高层民用建筑设计防火规范<GB50045-95>

1.2.5 建筑灭火器配置设计规范<GB50140-2005>

1.2.6 黑龙江省居住建筑节能65%设计标准<DB23/1270-2008>

1.2.7 严寒和寒冷地区居住建筑节能设计标准<JGJ26-2010>

2 项目概况

2.1 本工程名称、建设地点、建设单位、设计的主要范围和内容等

2.1.1 工程名称：中昊·格兰云天B区 B3　#楼

2.1.2 建设地点：哈尔滨市哈阿公路与动力南北路交叉口处

2.1.3 建设单位：黑龙江中昊房地产开发有限公司

2.1.4 设计范围：由本单位负责建筑、结构、暖通、给排水、电气专业的施工图设计，本工程所涉及其他设计及二次装修设计由其他设计单位完成.

2.1.5 设计内容：本设计为高层住宅楼设计.

2.1.6 节能：本设计墙体采用 复合墙体（200厚钢筋混凝土墙+100 厚聚氨酯复合板，密度：30Kg/m³ 导热系数：0.033W/(m·K).燃烧性能A 级），节能效果达到65%.

2.2 本工程总指标

2.2.1 总建筑面积：7 035.61 m².

2.2.2 建筑基底面积：400.40 m².

2.3 建筑层数、高度

2.3.1 层数：地上十八层.

2.3.2 建筑高度：59.65 m.

2.4 建筑结构形式为剪力墙结构，建筑类别为二类，合理使用年限为50 a，抗震设防烈度为六度.

2.5 防火设计的建筑分类为二类；其耐火等级为地上二级.

3 设计标高

3.1 本工程±0.000m相当于绝对标高166.70m；

3.2 各层标注标高为建筑完成面标高，屋面标高为结构面标高；

3.3 本工程标高以m为单位，总平面尺寸以m为单位，其他尺寸以mm为单位.

4 墙体工程

4.1 墙体的基础部分详见结施图.

4.2 承重钢筋混凝土墙体详见结施图.

4.3 非承重的外围护墙采用200厚陶粒混凝土砌块+100厚聚氨酯复合板，外墙外保温做法参见图集06J123.

4.4 建筑的轻隔墙为200、100厚陶粒混凝土砌块，用M5.0混合砂浆砌筑；陶粒混凝土砌块强度等级：外墙MU5.0；内墙MU3.5；其构造和技术要求详见国标图集《混凝土小型空心砌块墙体建筑构造》(05J102-1).

陶粒混凝土砌块耐火极限：100厚陶粒混凝土砌块6.0 h； 200厚陶粒混凝土砌块8.0 h.

4.5 位于楼层的隔墙可直接安装于结构梁（板）面上，特殊者见结施图.

4.6 墙体留洞及封堵.

    4.6.1 大于300mm宽的预留洞洞口,除钢筋混凝土墙上的留洞见结施和设备图外,砌筑墙预留洞均见建施和设备图.300mm宽以下墙体留洞应与有关工种配合施工.

    4.6.2 预留洞的封堵:混凝土墙留洞的封堵见结施,其余砌筑墙留洞待管道设备安装完毕后,用C20细石混凝土填实;防火墙处按防火规范要求封堵;在有吊顶的房间内,吊顶以上如有留洞者,可将隔墙先砌至吊顶标高以上100mm处,待设备安装后再施工吊顶高度以上墙体.

    4.6.3 立管竖井处墙体采用100mm或200mm厚陶粒砌块,待立管安装后再砌筑;砌筑时内表面边砌边抹10厚1:2.5水泥砂浆;立管安装后应按结构图纸把楼板洞封堵严实;管道井检修门为丙级防火门,除注明外,门底均距地200mm高,并做200mm高同墙宽的C20混凝土门槛.

4.7 特种墙

    所有与电梯井相临的房间隔墙靠内一侧加隔声保温措施,做法为50×50木龙骨,内填50厚岩棉板,外钉B1级10厚苍松板面层,总厚60.

4.8 内外墙构造柱及拉筋、圈梁、门窗洞过梁,除建筑图有说明者外,做法均按结构图纸施工.

4.9 内墙除注明者外均应砌至楼板底,并挤实.

4.10 各种机房除注明留有设备安装孔者外,可将临走道一侧之填充墙体先不砌筑,待设备安装后再砌墙、安装门窗.

5 屋面工程

5.1 本工程的屋面防水等级为II级,防水层合理使用年限为15 a,做法详见建施墙身大样图中屋面防水做法.

5.2 屋面排水组织见屋面排水示意图,外排雨水斗、雨水管采用热镀锌钢板管.

5.3 屋面做法及屋面节点索引见建施屋面排水示意图,露台、雨篷等见各层平面图及有关详图;除图中另有注明者外,雨水管的公称直径均为DN150.

5.4 隔汽层的设置:本工程屋面设置隔汽层,其构造见屋面防水做法.

6 门窗工程

6.1 外门窗物理性能及实验方法应满足国家及地方规定:抗风压5级、水密性4级、气密性6级、保温6级、隔声4级.

6.2 外门窗的机械力学性能应满足国家及地方规定.

6.3 外门的安全性能、保温性能应满足国家及地方规定.

6.4 本工程外窗采用单框三玻塑钢窗,窗玻璃为双中空浮法玻璃,中空玻璃空气间层厚度不宜小于12mm.

6.5 门窗玻璃的选用应遵照《建筑玻璃应用技术规程》(JGJ113-2003)和《建筑安全玻璃管理规定》发改运行〔2003〕2116号及地方主管部门的有关规定.

6.6 门窗安装、固定均应符合《建筑装饰工程施工及验收规范》(JGJ79-1991) 门、窗框四周的缝隙宜采用保温材料和嵌缝密封膏密封.

6.7 门窗选料、颜色、玻璃见"门窗表"附注,门窗采用的五金件应具有足够的强度,启闭灵活、无噪声、满足使用要求、环保要求和腐蚀性要求.其表面应具有良好的耐磨性.

6.8 防火墙和公共走廊上疏散用的平开防火门应设闭门器,双扇平开防火门安装闭门器和顺序器,常开防火门须安装信号控制关闭和反馈装置.

6.9 防火卷帘应安装在建筑的承重构件上,卷帘上部如不到顶,上部空间应用耐火极限与墙体相同的防火材料封闭.

6.10 用于卫生间的门,门下均留30mm的缝隙.

6.11 塑钢窗可开启扇根据大小应增设锁点,此处设计详见厂家图纸.

6.12 进风机房门窗均做隔音防火门窗，内墙做吸声处理。

6.13 单元门采用电控可视对讲防盗门。

6.14 电梯机房、地下室设备用房、屋顶水箱间房门加锁。

6.15 所有门窗须核对实际洞口尺寸后加工门窗，并在制作前对建筑施工图进行核对，门窗立面图均表示洞口尺寸，门窗加工

尺寸要按照装修面厚度由承包商予以调整，按实际结果调整门窗尺寸并经设计单位同意后方可施工。

7 防火工程

7.1 住宅部分按单元式住宅的消防标准进行设计。

7.2 每单元设有一部消防电梯和通向屋顶的防烟楼梯间。

7.3 十八层及十八层以下部分单元与单元之间设有防火墙，紧靠防火墙两侧的门、窗洞口之间最近边缘的水平距离≥2.00m。

7.4 不足2m设置固定窗扇的乙级防火窗，户门为甲级防火门，窗间墙、窗槛墙高度大于1.2m且为不燃烧体墙。

所有砌体墙（除说明者外）均砌至梁底或板底。

7.5 所有管道井（除风井外）待管道安装后，在楼板处用后浇板做防火分隔。

7.6 管道穿过防火墙、楼板时，应采用不燃烧材料将其周围的缝隙填塞密实。

7.7 防火卷帘、防火门的选用应符合防火规范的要求。

7.8 弱电箱、配电箱及消火栓箱嵌入墙体内时，在箱体背后加贴防火板，耐火极限不小于2 h。

7.9 其他有关消防措施见各专业。

8 建筑物构件的燃烧性能和耐火极限（见下表）

构件名称	燃烧性能和耐火极限 (h)	耐火等级	燃烧性能和耐火极限	实际值
墙	防火墙 (200mm厚陶粒砌块)	二级	不燃烧体 3.00h	4.00h
	楼梯间墙、承重墙、电梯井的墙、住宅单元之间的墙、住宅分户墙 (200mm厚陶粒砌块、钢筋混凝土墙)	二级	不燃烧体 2.00h	5.00h
	疏散走道侧隔墙 (200mm厚陶粒砌块、钢筋混凝土墙) 非承重外墙 (200mm厚陶粒砌块)	二级	不燃烧体 1.00h	4.00h
	房间隔墙 (100~200mm厚陶粒砌块)	二级	不燃烧体 0.50h	2.00h
柱	钢筋混凝土柱，最小截面400×400mm	二级	不燃烧体 2.50h	5.00h
梁	钢筋混凝土梁 (保护层厚度25mm)	二级	不燃烧体 1.50h	2.15h
楼板及屋顶承重构件、疏散楼梯 (现浇整体梁板)		二级	不燃烧体 1.00h	2.65h
吊 顶		二级	不燃烧体 0.25h	

9 楼梯工程

9.1 楼梯扶手、栏杆均为不锈钢扶手、栏杆，做法参见龙02J2004.P37.2；且水平段扶手高度不小于1.10m，垂直杆件

间净距不大于0.11m，承受水平荷载大于1kN/m。

9.2 楼梯踏步均做防滑条，做法参见龙02J2004.P49.2。

10 外装修工程

10.1 外装修设计和做法索引见"立面图"及墙身大样图。

10.2 承包商进行二次设计的轻钢结构、装饰物等，经确认后，向建筑设计单位提供预埋件的设置要求。

10.3 设有外墙外保温的建筑构造详见索引标准图和外墙详图。

10.4 外装修选用的各项材料其材质、规格、颜色等，均由施工单位提供样板，经建设和设计单位确认后进行封样，并据此

验收.

11 内装修工程

11.1 内装修工程执行《建筑内部装修设计防火规范》,楼地面部分执行《建筑地面设计规范》,一般装修见"室内装修做法表".

11.2 楼地面构造交接处和地坪高度变化处,除图中另有注明者外均位于齐平门扇开启面处.

11.3 凡设有地漏房间就应做防水层,图中未注明整个房间做坡度者,均在地漏周围1m范围内做1%坡度坡向地漏;有大量排水的应设排水沟和集水坑.

11.4 内装修选用的各项材料,均由施工单位制作样板和选样,经确认后进行封样,并据此进行验收.

11.5 不同材料墙体在粉刷前,应在交接处铺钉金属网,并绷紧牢固(饰面材料层薄者,粘贴针织布料),金属网(布料)与两边墙体搭接宽度不小于100mm.

12 油漆涂料工程

12.1 室内装修所采用的油漆涂料见建施-室内装修做法表.

12.2 室内外露明金属件的油漆为刷防锈漆2道后再做同室内外部位相同颜色的调和漆.做法见国标图集《工程做法》(05J909) P357.26.

12.3 外墙涂料为抗氧化、耐水涂料.

12.4 各种油漆涂料均由施工单位制作样板,经确认后进行封样,并据此进行验收.

13 室外工程(室外设施)

外挑檐、雨篷、室外台阶、坡道、散水、窗井、排水明沟等工程做法见建施图索引.

14 建筑设备、设施工程

14.1 本工程共设电梯2部,该电梯设计参考西继系列电梯产品样本设计,选型见电梯选型表,电梯对建筑技术要求由电梯厂家提供.

14.2 电梯井预埋件及机房预留洞等细部尺寸由电梯厂家提供.

14.3 电梯指示器留洞位置、吊钩位置、坑底支墩、爬梯做法及井道预埋件位置由电梯厂家提供.

14.4 各电梯土建施工图需经其电梯厂家认可后,方可施工.

14.5 卫生洁具、成品隔断由建设单位与设计单位商定,并应与施工配合.

14.6 灯具、送回风口等影响美观的器具须经建设单位与设计单位确认样品后,方可批量加工、安装.

15 其他施工中注意事项

15.1 图中所选用标准图中有对结构工种的预埋件、预留洞,如楼梯、平台钢栏杆、门窗、建筑配件等,本图所注的各种留洞与各工种密切配合后,确认无误方可施工.

15.2 预埋木砖及贴邻墙体的木质面均做防腐处理,露明铁件均做防锈处理.

15.3 内外墙构造柱及拉筋、圈梁、门窗洞过梁,除建筑图有说明者外,做法均按结构图纸施工.

15.4 施工中应严格执行国家颁发的有关标准及各项施工验收规范.

15.5 本设计所选用产品及材料必须满足国家各项有关标准规定要求,必须是经法定部门鉴定的合格准用产品,具有书面检测报告、准用证明等资料.

15.6 住宅每单元入口处均设置信报箱,做法参见03J930-1.P444.

15.7 住宅一层外窗、阳台窗均安装防盗护栏,做法参见03J930-1.P438.

15.8 建筑外墙保温系统和材料选型、外墙装饰材料:除应符合现行国家有关建筑设计防火规范的规定外,目前还应符合公安部、住房和城乡建设部联合发布的《民用建筑外保温系统及外墙装饰防火暂行规定》的通知(公通字〔2009〕46号)文件的要求.

15.9 本施工图中未尽事宜按国家标准及有关施工验收规范、产品生产厂家的技术要求进行施工或在施工中与设计单位共同协商解决.

门窗表

类型	设计编号	洞口尺寸(mm)	数量	图集名称	页次	选用型号	备注
门	FM丙0518	500X1800	38				丙级防火门(检修门)(耐火极限0.6h)
	FM丙0818	800X1800	38				丙级防火门(检修门)(耐火极限0.6h)
	FM乙1020	1000X2000	22				乙级防火门(耐火极限0.9h)
	FM甲1020	1000X2000	128				甲级防火门(耐火极限1.2h)
	M0821	800X2100	286				普通实木门
	M0921	900X2100	126				普通实木门
	WM1527	1500X2700	2				单框三玻塑钢门　K值为2.0W/(m²·k)
	WM1827	1800X2700	5				单框三玻塑钢门　K值为2.0W/(m²·k)
	WM1224'	1200X2400	2				单框三玻氟碳钢门　K值为2.5W/(m²·k)
	CM-1	1200X2400	51				单框三玻塑钢门联窗K值为2.0W/(m²·k)
	CM-2	1200X2700	3				单框三玻塑钢门联窗K值为2.0W/(m²·k)
	DM1220	1200X2000	2				单元对讲防盗门
	FM乙1220	1200X2000	58				乙级防火门(耐火极限0.9h)
窗	C0515	500X1500	2				单框三玻塑钢窗　K值为2.0W/(m²·k)
	C0609	600X900	17				单框三玻塑钢窗　K值为2.0W/(m²·k)
	C0612	600X1200	1				单框三玻塑钢窗　K值为2.0W/(m²·k)
	C0642	600X4200	6				单框三玻塑钢窗　K值为2.0W/(m²·k)
	C1215	1200X1500	66				单框三玻塑钢窗　K值为2.0W/(m²·k)
	C1218	1200X1800	17				单框三玻塑钢窗　K值为2.0W/(m²·k)
	C1221	1200X2100	1				单框三玻塑钢窗　K值为2.0W/(m²·k)
	C1515	1500X1500	2				单框三玻塑钢窗　K值为2.0W/(m²·k)
	C1518	1500X1800	36				单框三玻塑钢窗　K值为2.0W/(m²·k)
	C1818	1800X1800	17				单框三玻塑钢窗　K值为2.0W/(m²·k)
	C1821	1800X2100	1				单框三玻塑钢窗　K值为2.0W/(m²·k)
	C2118	2100X1800	34				单框三玻塑钢窗　K值为2.0W/(m²·k)
	C2418	2400X1800	50				单框三玻塑钢窗　K值为2.0W/(m²·k)
	C2421	2400X2100	1				单框三玻塑钢窗　K值为2.0W/(m²·k)
	C1515'	1500X1500	34				双层隔音三玻塑钢窗
	C2118'	2100X1800	17				双层隔音三玻塑钢窗
	C2121'	2100X2100	1				双层隔音三玻塑钢窗
	C2418'	2400X1800	17				双层隔音三玻塑钢窗
	C2421'	2400X2100	1				双层隔音三玻塑钢窗
	DC1218	1200X1800	2				单框三玻塑钢窗
	DC1518'	1500X1800	2				双层隔音三玻塑钢窗
	FC乙1218	1200X1800	17				乙级防火窗(耐火极限0.9h)
	FC乙1221	1200X2100	1				乙级防火窗(耐火极限0.9h)
	PC1518	1500X1800	34				单框三玻塑钢窗　K值为2.0W/(m²·k)
	PC1818	1800X1800	34				单框三玻塑钢窗　K值为2.0W/(m²·k)

注:1)门窗尺寸、数量仅供参考,尺寸、数量以实测为准。

2)落地玻璃隔断、全玻璃门采用安全玻璃,加设防撞警示标志。

3)本设计只给出门窗立面图,具体构造详图、型材、规格、强度、抗风、防水、保温、密实性能均由生产厂家负责设计。

4)在生产加工门窗之前,厂家应对门窗洞口进行实测。

5)施工时,门洞两侧过梁底请留抹灰量。

6)外门窗物理性能及实验方法应满足国家及地方规定:抗风压5级、水密性4级、气密性6级、保温6级、隔声4级。

7)所有外窗均应设置通风换气窗,窗面积不应小于规范规定。

8)设置无障碍设施的入口处,外门均应按无障碍设计,做法参见 03J926.P37。

9)管道井下设 C20细石混凝土门槛,高度200mm。

10)安全玻璃使用应符合《建筑玻璃应用技术规程》(JGJ113-2009)第7.2.6条规定。

11)安全玻璃做法参见11J930.F43。

装修措施表

部位 名称	地面	楼面	踢脚板	内墙面			顶棚	备注
				钢筋混凝土内墙	陶粒混凝土砌块内墙			
楼梯间	20厚石材板干水泥擦缝 30厚1:3干硬性水泥砂浆结合层 表面撒水泥粉 刷水泥浆一道(内掺建筑胶) 50厚细石混凝土垫地热管 (上下配Φ3@60@钢丝网片,1000x1000 适当分格) 20厚挤塑板(容重不小于35Kg/m³) 1.5厚氨酯防水层 20厚1:3水泥砂浆找平 钢筋混凝土楼板	20厚1:2水泥砂浆结合层 刷素水泥浆结合层一层 现浇钢筋混凝土楼板,随打随抹光	6厚1:2.5水泥砂浆压实抹光 6厚1:1.6水泥砂浆扫底打毛 6厚2:1:8水泥砂浆打底一道 素水泥浆一道 陶粒混凝土砌块	喷(刷)白色内墙涂料 封底漆一道(干燥后再做面漆) 5厚1:0.5:2.5水泥石灰膏砂浆找平 9厚1:0.5:3水泥石灰膏砂浆打底 扫平扫毛 素水泥浆一道(内掺建筑胶) 钢筋混凝土墙	喷(刷)白色内墙涂料 封底漆一道(干燥后再做面漆) 5厚1:0.5:2.5水泥石灰膏砂浆找平 8厚1:1.6水泥石灰膏砂浆打底扫平打毛 聚合物水泥砂浆修补墙面 陶粒混凝土砌块		钢筋混凝土楼板 素水泥浆一道 3厚1:0.5:1水泥石灰膏砂浆打底 5厚1:0.5:3水泥石灰膏砂浆找平 喷(刷)白色内墙涂料	本室内装修做法表参考图集 03J930-1 踢脚高度100mm
书房、卧室、客厅、过厅	20厚1:2.5水泥砂浆 压光抹平 刷水泥浆一道(内掺建筑胶) 50厚细石混凝土埋地热管 (上下配Φ3@60@钢丝网片,1000x1000 适当分格) 20厚挤塑板(容重不小于35Kg/m³) 1.5厚氨酯防水层 20厚1:3水泥砂浆找平 钢筋混凝土楼板	20厚1:2.5水泥砂浆 压光抹平 刷水泥浆一道(内掺建筑胶) 50厚细石混凝土埋地热管 (上下配Φ3@60@钢丝网片,1000x1000 适当分格) 20厚挤塑板(容重不小于35Kg/m³) 1.5厚氨酯防水层 10厚1:3水泥砂浆找平 钢筋混凝土楼板	6厚1:2.5水泥砂浆压实抹光 6厚1:1.6水泥砂浆扫底打毛 6厚2:1:8水泥砂浆打底一道 钢筋混凝土墙 陶粒混凝土砌块	喷(刷)白色内墙涂料 封底漆一道(干燥后再做面漆) 5厚1:0.5:2.5水泥石灰膏砂浆找平 9厚1:0.5:3水泥石灰膏砂浆打底 扫平扫毛 素水泥浆一道 钢筋混凝土墙	喷(刷)白色内墙涂料 封底漆一道(干燥后再做面漆) 5厚1:0.5:2.5水泥石灰膏砂浆找平 8厚1:1.6水泥石灰膏砂浆打底扫平打毛 素水泥浆专用砂浆修补墙面 聚合物水泥砂浆修补墙面 陶粒混凝土砌块		钢筋混凝土楼板 素水泥浆一道 3厚1:0.5:1水泥石灰膏砂浆打底 5厚1:0.5:3水泥石灰膏砂浆找平 喷(刷)白色内墙涂料	本室内装修做法表参考图集 03J930-1 地面做法即一层楼面做法 踢脚高度100mm
卫生间、厨房	20厚1:2.5水泥砂浆 压光抹平 1.5厚氨酯防水层(两道) 20厚1:3水泥砂浆找平 刷水泥浆一道(内掺建筑胶) 50厚细石混凝土埋地热管 (上下配Φ3@60@钢丝网片,1000x1000 适当分格) 20厚挤塑板(容重不小于35Kg/m³) 1.5厚氨酯防水层 10厚1:3水泥砂浆找平 钢筋混凝土楼板	20厚1:2.5水泥砂浆 压光抹平 1.5厚氨酯防水层(两道) 20厚1:3水泥砂浆找平 刷水泥浆一道(内掺建筑胶) 50厚细石混凝土埋地热管 (上下配Φ3@60@钢丝网片,1000x1000 适当分格) 20厚挤塑板(容重不小于35Kg/m³) 1.5厚氨酯防水层 10厚1:3水泥砂浆找平 钢筋混凝土楼板		1.5厚聚合物水泥复合防水涂料 9厚1:3水泥砂浆找底实抹平 3厚外加水专用砂浆基面创毛 聚合物水泥砂浆修补墙面 钢筋混凝土墙	1.5聚合物水泥复合防水涂料 9厚1:3水泥砂浆找底实抹平 3厚外加水专用砂浆基面创毛 聚合物水泥砂浆修补墙面 陶粒混凝土砌块		钢筋混凝土楼板 素水泥浆一道 (内掺建筑胶) 3厚1:0.5:1水泥石灰膏砂浆打底 5厚1:2.5水泥石灰膏砂浆找平 3厚1:2.5水泥砂浆找平	本室内装修做法表参考图集 03J930-1 地面做法即一层楼面做法
住宅雷室、走廊	20厚石材板干水泥擦缝 30厚1:3干硬性水泥砂浆结合层 表面撒水泥粉 刷水泥浆一道(内掺建筑胶) 50厚细石混凝土埋地热管 (上下配Φ3@60@钢丝网片,1000x1000 适当分格) 20厚挤塑板(容重不小于35Kg/m³) 20厚1:3水泥砂浆找平 钢筋混凝土楼板	20厚石材板干水泥擦缝 30厚1:3干硬性水泥砂浆结合层 表面撒水泥粉 刷水泥浆一道(内掺建筑胶) 50厚细石混凝土埋地热管 (上下配Φ3@60@钢丝网片,1000x1000 适当分格) 20厚挤塑板(容重不小于35Kg/m³) 10厚1:3水泥砂浆找平 钢筋混凝土楼板	6厚1:2.5水泥砂浆压实抹光 6厚1:1.6水泥砂浆扫底打毛 6厚2:1:8水泥砂浆打底一道 钢筋混凝土墙 · 陶粒混凝土砌块	喷(刷)白色内墙涂料 封底漆一道(干燥后再做面漆) 5厚1:0.5:2.5水泥石灰膏砂浆找平 9厚1:0.5:3水泥石灰膏砂浆打底 扫平扫毛 素水泥浆一道(内掺建筑胶) 钢筋混凝土墙	喷(刷)白色内墙涂料 封底漆一道(干燥后再做面漆) 5厚1:0.5:2.5水泥石灰膏砂浆找平 8厚1:1.6水泥石灰膏砂浆打底扫平打毛 3厚外加水专用砂浆基面创毛 聚合物水泥砂浆修补墙面 陶粒混凝土砌块		钢筋混凝土楼板 素水泥浆一道 3厚1:0.5:1水泥石灰膏砂浆打底 5厚1:0.5:3水泥石灰膏砂浆找平 喷(刷)白色内墙涂料	本室内装修做法表参考图集 03J930-1 踢脚高度100mm

注:装修做法仅供参考,室内装修以设计为准

4.2　建筑总平面图

4.2.1　总平面图的形成和作用

建筑总平面图（简称总平面图）是假想从建筑物所在区域的正上方向下作正投影所得到的水平投影图，是表示新建建筑物与周围总体情况的平面布置图（见图 4-1）。

总平面图的作用有以下两点。

（1）总平面图主要反映新建建筑物所在的位置、平面形状、朝向、与原有建筑物的位置关系，以及建筑物周围地形、道路交通、绿化布置情况等。

（2）建筑总平面图可作为房屋定位、施工放线、填挖土方等的主要依据。

4.2.2　总平面图的图示内容

（1）图名的形式采用×××总平面图，由于其表达的范围较大，比例多采用 1∶500、1∶1000、1∶2000 等。

（2）在总平面图中，指北针反映建筑的朝向；风向频率玫瑰图表示该地区常年的风向频率。

（3）明确场地边界、道路红线、建筑红线等用地界限。

（4）明确建筑物所处的地形（复杂地形应绘制等高线）、周边环境（包括广场、道路、停车场、绿化用地等）、与原有建筑物等的位置关系。

（5）注明新建筑物的平面形状、大小，以及建筑物首层地面标高、室外地坪标高。

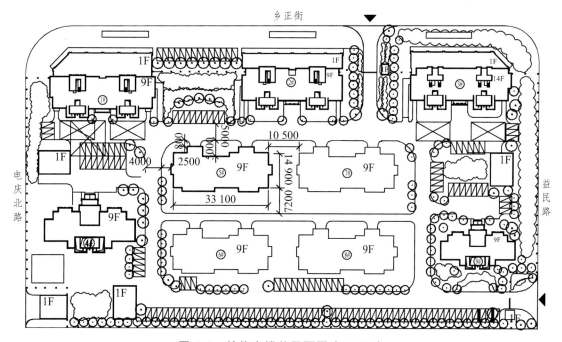

图 4-1　某住宅楼总平面图（1:500）

★提示：总平面图上所标注的尺寸，一律以 m 为单位。

总平面图中使用的图例应采用国家标准中所规定的图例，如表 4-2 所示。

表 4-2　总平面图图例

序号	名称	图例	备注
1	新建建筑物	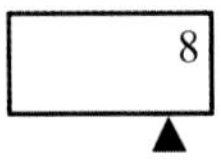 8	1. 需要时，可用▲表示出入口，可在图形内右上角用点数或数字表示层数。 2. 建筑物外形(一般以±0.00高度处的外墙定位轴线或外墙面线为准)用粗实线表示，需要时，地面以上建筑用中粗实线表示，地以下面建筑用细虚线表示
2	原有建筑物	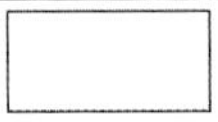	用细实线表示
3	计划扩建的 预留地或建筑物		用中粗虚线表示
4	拆除的建筑物	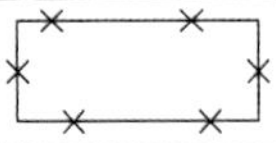	用细实线表示
5	建筑物下面的通道	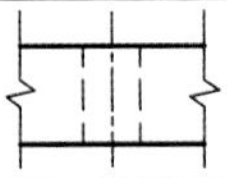	—
6	散状材料露天堆场	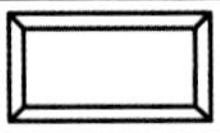	需要时可注明材料名称
7	其他材料露天堆场或 露天作业场		
8	铺砌场地	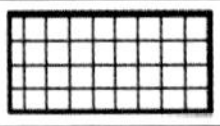	—
9	敞棚或敞廊	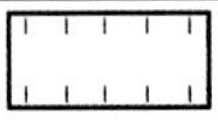	—
10	高架料仓	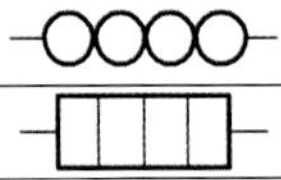	
11	漏斗式储仓		左、右图为底卸式； 中图为侧卸式
12	冷却塔（池）	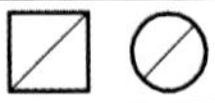	应注明冷却塔或冷却池
13	水塔、储罐	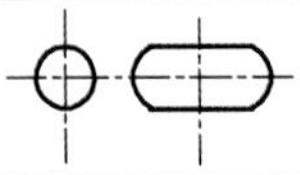	左图为水塔或立式储罐； 右图为卧式储罐
14	水池、坑槽		也可以不涂黑
15	明溜矿槽（井）	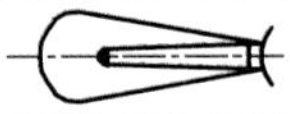	—
16	斜井或平洞		—
17	烟囱		实线为烟囱下部直径，虚线为基础，必要时可注写烟囱高度和上、下口直径
18	围墙及大门	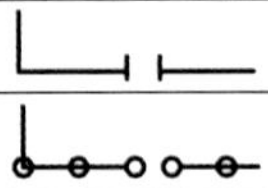	上图为实体性质的围墙，下图为通透性质的围墙，若仅表示围墙时不画大门
19	挡土墙		被挡土在"突出"的一侧
20	挡土墙上设围墙		
21	台阶		箭头指向表示向下
22	露天桥式起重机	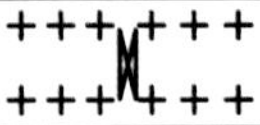	"+"为柱子位置

序号	名称	图例	备注
23	露天电动葫芦	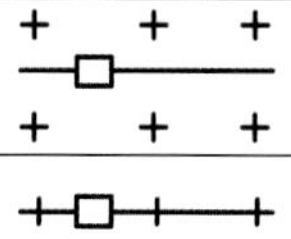	"+"为支架位置
24	门式起重机	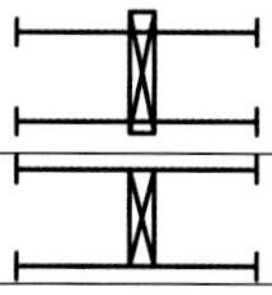	上图表示有外伸臂； 下图表示无外伸臂
25	架空索道		"I"为支架位置
26	斜坡卷扬机道	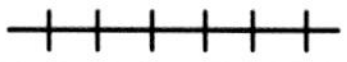	—
27	斜坡栈桥（皮带廊等）	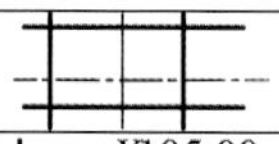	细实线表示支架中心线位置
28	坐标	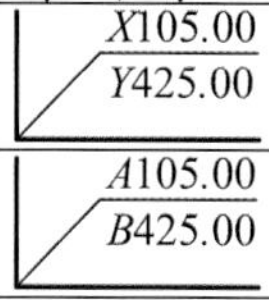 $X105.00$ $Y425.00$ $A105.00$ $B425.00$	上图表示测量坐标； 下图表示建筑坐标
29	方格网交叉点标高	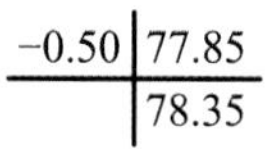 -0.50 | 77.85 78.35	"78.35"为原地面标高； "77.85"为设计 "－0.50"为施工高度 "－"表示挖方（"+"表示填方）
30	填方区、挖方区、未整平区及零点线	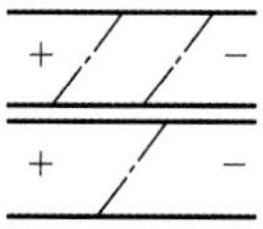 $+$ / $-$ $+$ / $-$	"+"表示填方区； "－"表示挖方区； 中间为未整平区； 点画线为零点线
31	填挖边坡	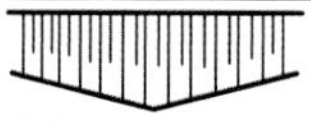	1. 边坡较长时，可在一端或两端局部表示。 2. 下边线为虚线时表示填方
32	护坡	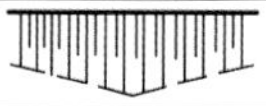	
33	分水脊线与谷线	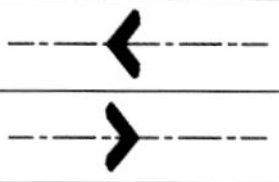	上图表示脊线； 下图表示谷线
34	洪水淹没线		阴影部分表示淹没区（可在底图背面涂红）
35	地表排水方向		—
36	截水沟或排水沟	 $\overline{40.00}$	"1"表示1%的沟底纵向坡度，"40.00"表示变坡点间距离，箭头表示水流方向
37	排水明沟	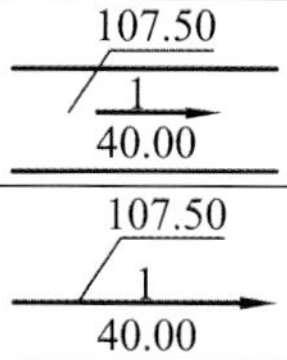 107.50 $\dfrac{1}{40.00}$ 107.50 40.00	1. 上图用于比例较大的图面，下图用于比例较小的图面。 2. "1"表示1%的沟底纵向坡度，"40.00"表示变坡点间距离，箭头表示水流方向。 3. "107.50"表示沟底标高
38	铺砌的排水明沟	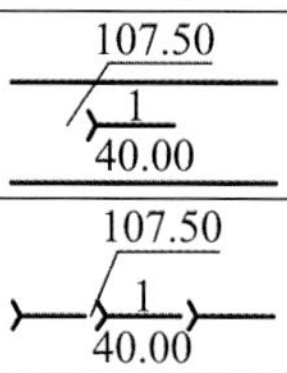 107.50 $\dfrac{1}{40.00}$ 107.50 $\dfrac{1}{40.00}$	1. 上图用于比例较大的图面，下图用于比例较小的图面。 2. "1"表示1%的沟底纵向坡度，"40.00"表示变坡点间距离，箭头表示水流方向 3. "107.50"表示沟底标高
39	有盖的排水沟	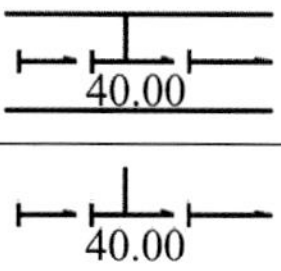 40.00 40.00	1. 上图用于比例较大的图面，下图用于比例较小的图面。 2. "1"表示1%的沟底纵向坡度，"40.00"表示变坡点间距离，箭头表示水流方向

续表

序号	名称	图例	备注
40	雨水口		—
41	消火栓井		—
42	急流槽		箭头表示水流方向
43	跌水		
44	拦水（闸）坝		—
45	透水路堤		边坡较长时，可在一端或两端局部表示
46	过水路面		—
47	室内标高	151.00(±0.00)	—
48	室外标高	●143.00 ▼143.00	室外标高也可采用等高线表示

4.3　建筑平面图

4.3.1　平面图的形成和作用

假想在略高于窗台处，用一个水平剖切平面将房屋进行剖切，移去上半部分，然后对剩余部分做水平投影，所得到的水平投影图即建筑平面图，我们简称为平面图。

对多层楼房，有多少层，就有多少个平面图，沿着首层楼窗台略高处做水平剖切，所得到的投影图为首层平面图，沿着顶层楼窗台略高处做水平剖切，所得到的投影图为顶层平面图，沿着三层楼窗台略高处做水平剖切，所得到的投影图为三层平面图，依此类推，四层平面图、五层平面图等，原则上每一楼层均要绘制一个平面图，并在平面图下方注写图名（如底层平面图、二层平面图等）；如果某几层平面布置完全相同，可只绘制其中一个，作为标准层，并在图样下方注写适用的楼层图名（如三、四、五层平面图）。一般来讲，只需绘制首层平面图、标准平面图、顶层平面图。若房屋是对称的，可利用其对称性，左右两侧各画半个不同楼层平面图，并在中间画出对称符号。

建筑平面图的作用有如下两点。

（1）建筑平面图主要用于表达建筑物的平面形状、平面布置、门窗的位置及尺寸大小，以及其他建筑构配件的布置情况。

（2）建筑平面图是作为施工时放线、砌筑墙体、门窗安装、室内装修、编制预算、施工备料等的重要依据。

4.3.2　平面图的图示内容

（1）平面图的图名和比例，首层平面图、顶层平面图或标准平面图等；为了清晰表达平面图内容，比例多采用小比例，如 1∶50、1∶100、1∶200 等。

（2）建筑的朝向、主入口的位置。

（3）建筑整体尺寸大小，各个房屋的开间（指相邻两横向定位轴线的尺寸）、进深（指相邻两纵向定位轴线的尺寸）。

（4）房屋的整体形状、内部空间（厨房、卫生间、客厅、卧室等、餐厅）布置、隔断设置。

（5）室内设备，如厨具、卫生器具、衣柜、水池等及重要设备的位置、形状。

（6）阳台、雨篷、雨水管、散水、明沟以及台阶等的位置及尺寸。

（7）各个空间室内地面的标高及其高差，有坡度的地方以及坡度的大小。

（8）墙、柱、门窗位置及编号。门窗、设备等形状复杂、线条较多，在平面图中常用图例表示，如表 4-3 所示。

（9）楼梯的位置及上下行方向。

（10）剖面图的剖切符号及编号、详图索引符号等。

图 4-2 为某住宅楼首层平面图。

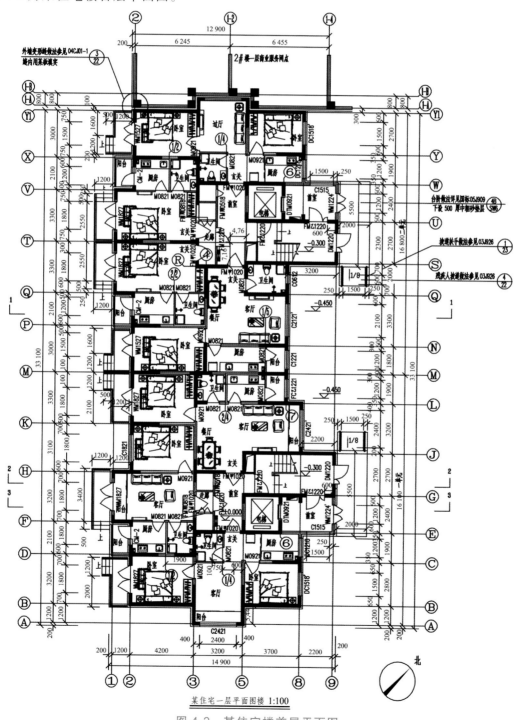

图 4-2　某住宅楼首层平面图

表 4-3　构造及配件图例

序　号	名　称	图　例	备　注
1	墙体	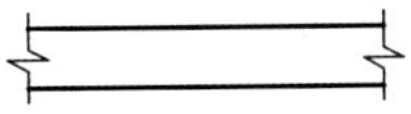	应加注文字或填充图例表示墙体材料，在项目设计图纸说明中列材料图例表给予说明
2	隔断		（1）包括板条抹灰、木制、石膏板、金属材料等隔断。 （2）适用于到顶与不到顶隔断
3	栏杆	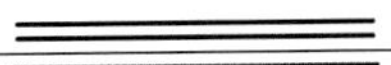	
4	楼梯	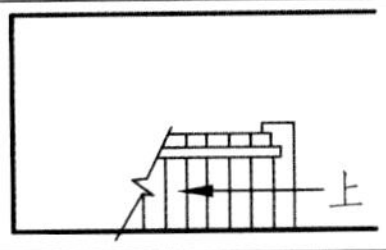 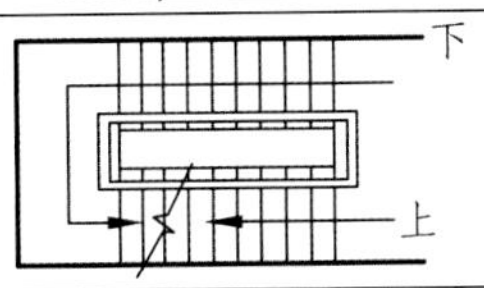 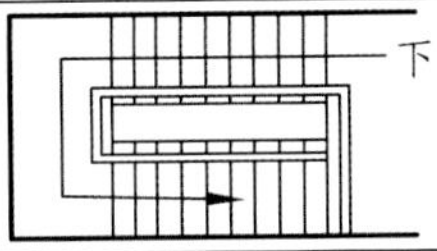	（1）上图为底层楼梯平面，中图为中间层楼梯平面，下图为顶层楼梯平面。 （2）楼梯及栏杆扶手的形式和梯段踏步数应按实际情况绘制
5	坡道	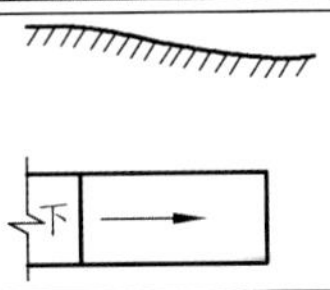 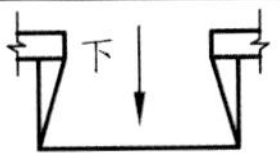 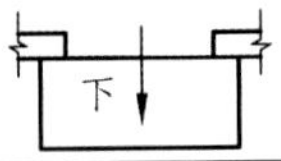	上图为长坡道，下图为门口坡道
6	平面高差	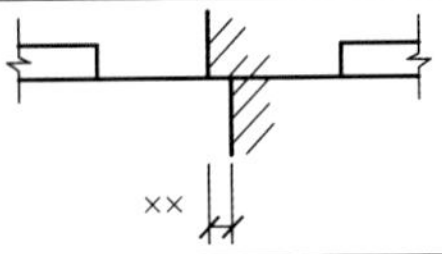	适用于高差小于 100 的两个地面或楼面相接处
7	检查孔	 	左图为可见检查孔； 右图为不可见检查孔
8	孔洞	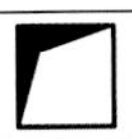 	阴影部分可以涂色代替
9	坑槽	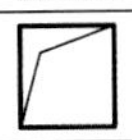 	
10	墙预留洞	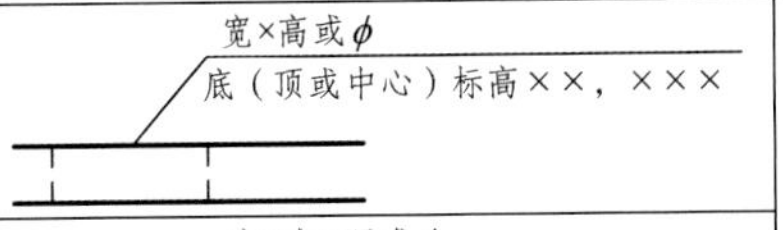 宽×高或 ϕ 底（顶或中心）标高××，×××	（1）以洞中心或洞边定位。 （2）宜以涂色区别墙体和留洞位置
11	墙预留槽	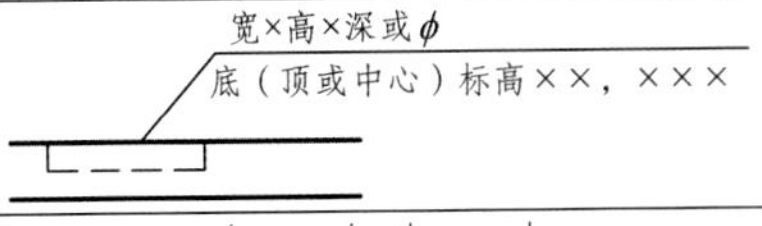 宽×高×深或 ϕ 底（顶或中心）标高××，×××	
12	烟道	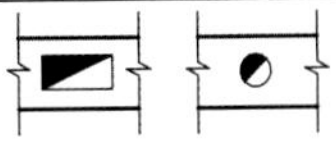 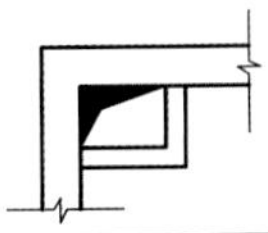	（1）阴影部分可以涂色代替。 （2）烟道与墙体为同一材料，其相接处墙身线应断开

序 号	名 称	图 例	备 注
13	通风道	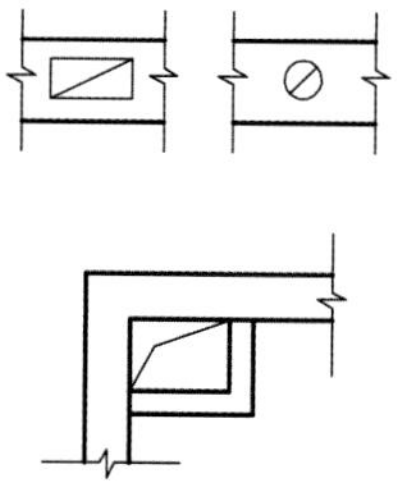	（1）阴影部分可以涂色代替； （2）烟道与墙体为同一材料，其相接处墙身线应断开
14	新建的墙和窗	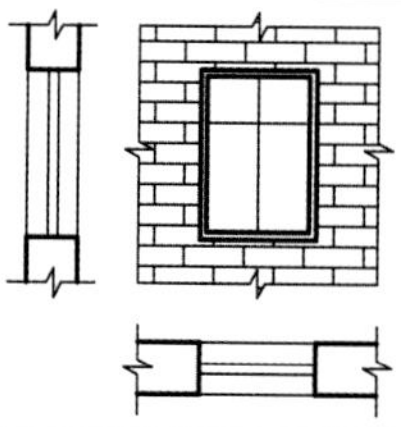	（1）本图以小型砌块为图例，绘图时应按所用材料的图例绘制，不宜用图例绘制的，可在墙面上以文字或代号注明； （2）小比例绘图时平、剖面窗线可用单粗线表示
15	改建时保留的原有墙和窗	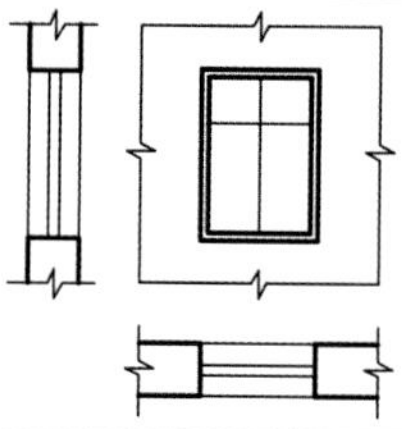	
16	应拆除的墙	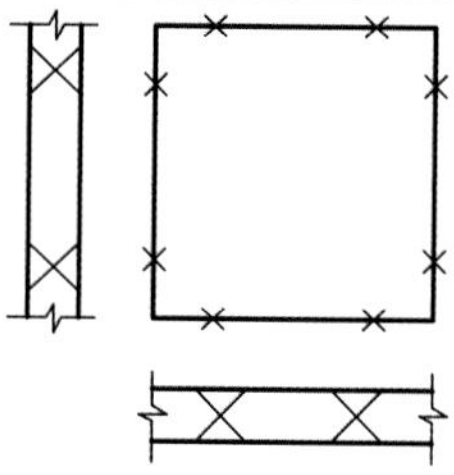	
17	在原有墙或楼板上新开的洞	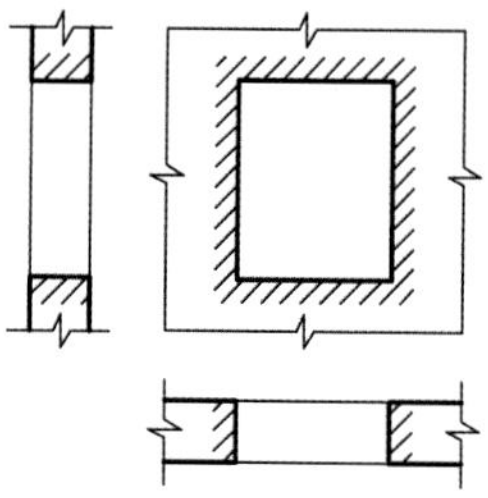	
18	在原有洞旁扩大的洞	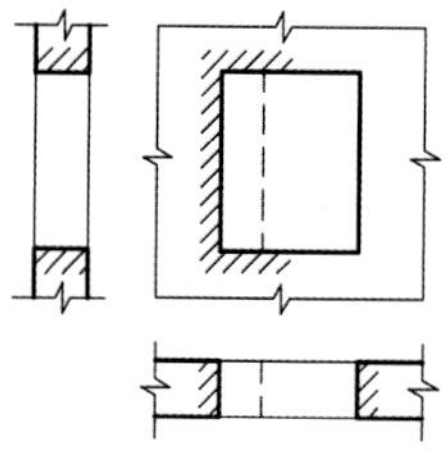	
19	在原有墙或楼板上全部填塞的洞	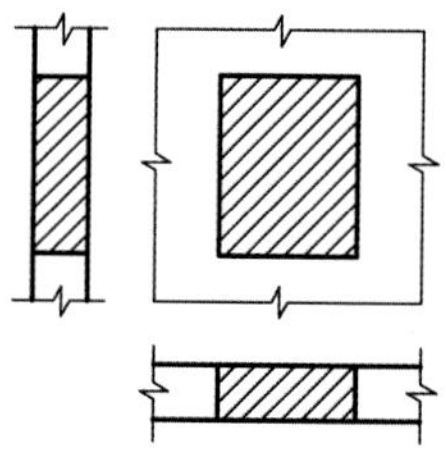	

续表

序 号	名 称	图 例	备 注
20	在原有墙或楼板上局部填塞的洞	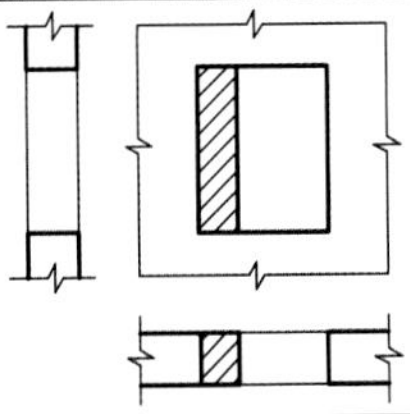	
21	空门洞	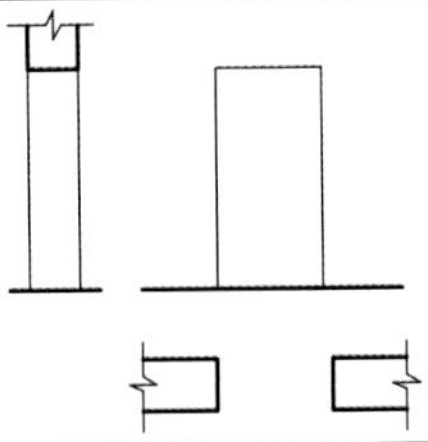	h 为门洞高度
22	单扇门（包括平开或单面弹簧）	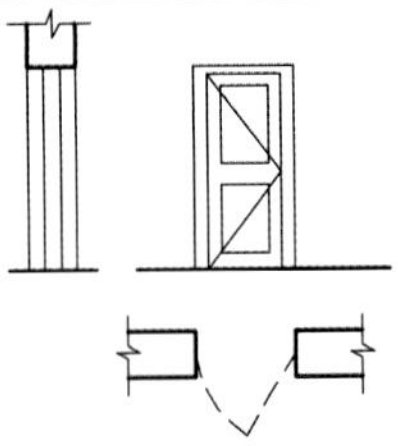	（1）门的名称代号用 M 表示。 （2）图例中剖面图左为外、右为内，平面图下为外、上为内。 （3）立面图上开启方向线交角的一侧为安装合页的一侧，实线为外开，虚线为内开。 （4）平面图上门线应90°或45°开启，开启弧线宜绘出。 （5）立面图上的开启线在一般设计图中可不表示，在详图及室内设计图上应表示。 （6）立面形式应按实际情况绘制
23	双扇门（包括平开或单面弹簧）	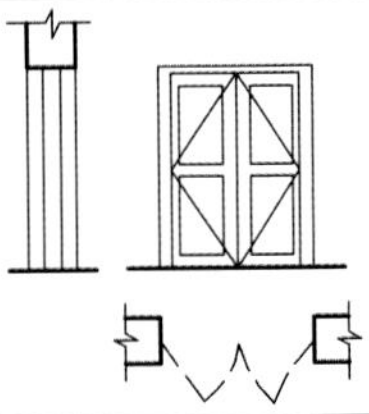	
24	对开折叠门	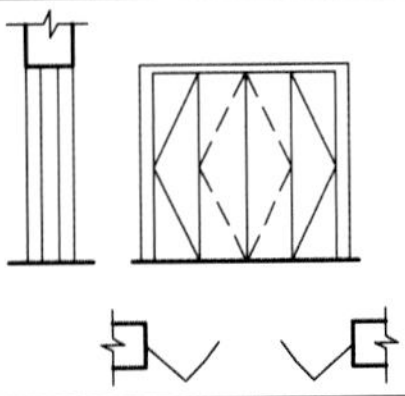	
25	推拉门	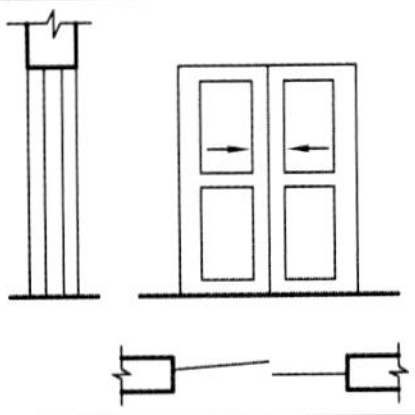	（1）门的名称代号用 M 表示。 （2）图例中剖面图左为外、右为内，平面图下为外、上为内。 （3）立面形式应按实际情况绘制
26	墙外单扇推拉门	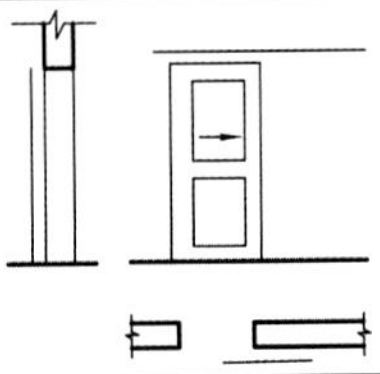	（1）门的名称代号用 M 表示。 （2）图例中剖面图左为外、右为内，平面图下为外、上为内。 （3）立面形式应按实际情况绘制
27	墙外双扇推拉门	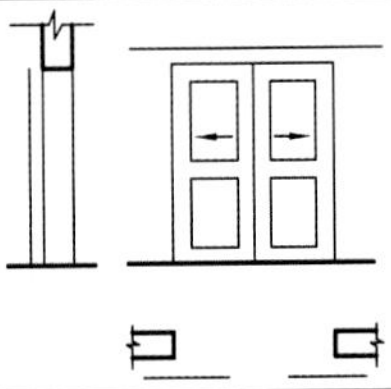	

序 号	名 称	图 例	备 注
28	墙中单扇推拉门	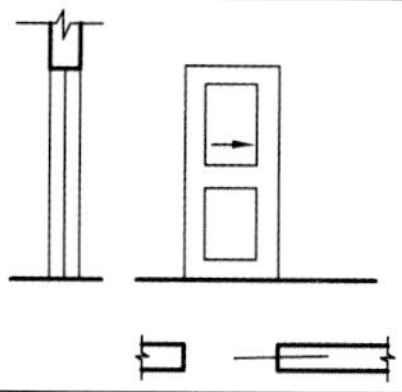	
29	墙中双扇推拉门	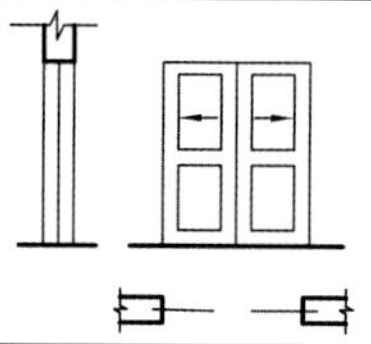	
30	单扇双面弹簧门	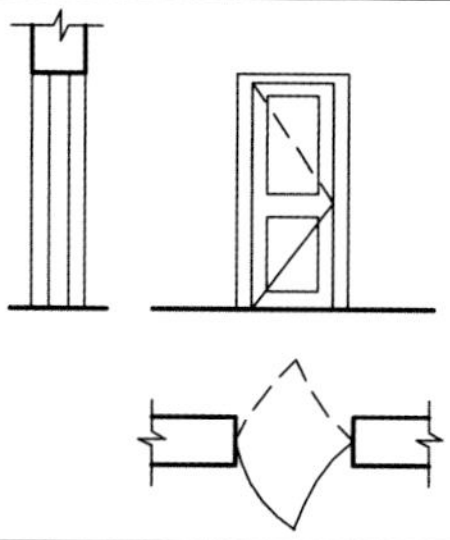	
31	双扇双面弹簧门	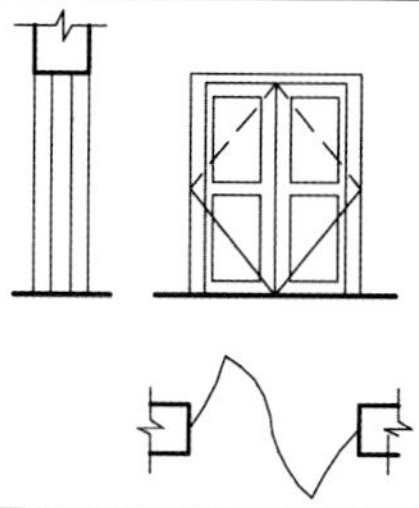	（1）门的名称代号用 M 表示。 （2）图例中剖面图左为外、右为内，平面图下为外、上为内。 （3）立面图上开启方向线交角的一侧为安装合页的一侧，实线为外开，虚线为内开。 （4）平面图上门线应90°或45°开启，开启弧线宜绘出。 （5）立面图上的开启线在一般设计图中可不表示，在详图及室内设计图上应表示。 （6）立面形式应按实际情况绘制
32	单扇内外开双层门（包括平开或单面弹簧）	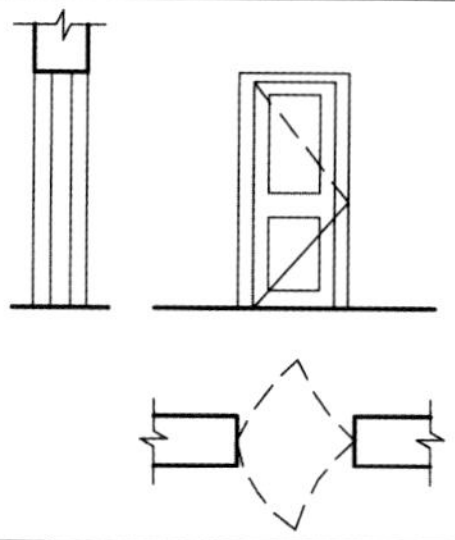	
33	双扇内外开双层门（包括平开或单面弹簧）	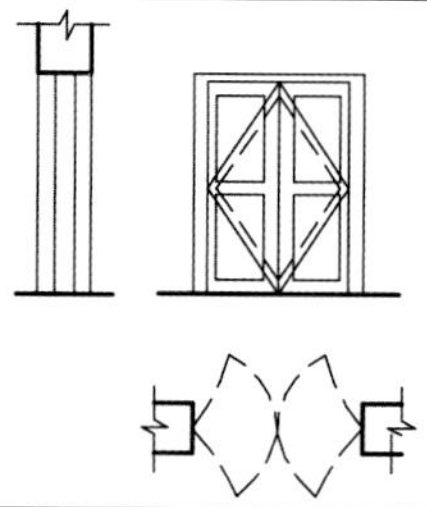	
34	转门	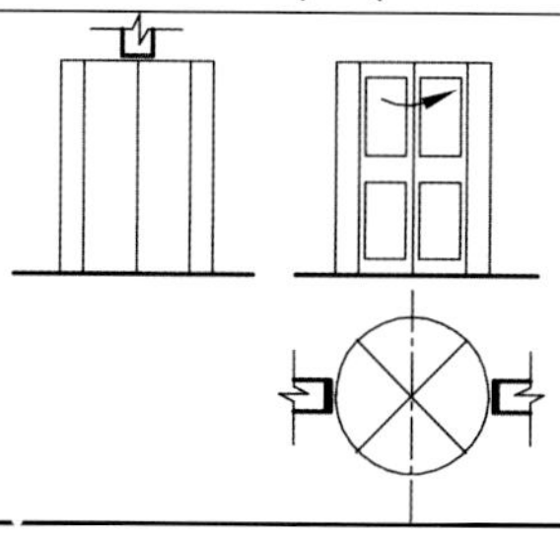	（1）门的名称代号用 M 表示。 （2）图例中剖面图左为外、右为内，平面图下为外、上为内。 （3）平面图上门线应90°或45°开启，开启弧线宜绘出。 （4）立面图上的开启线在一般设计图中可不表示，在详图及室内设计图上应表示。 （5）立面形式应按实际情况绘制

序 号	名 称	图 例	备 注
35	自动门	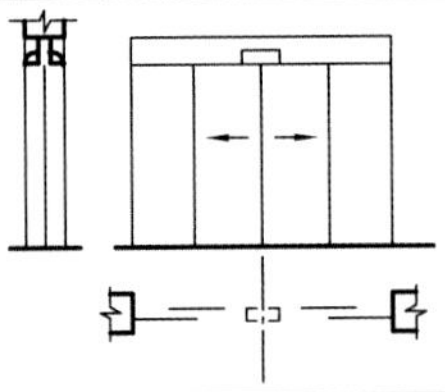	（1）门的名称代号用 M 表示。 （2）图例中剖面图左为外、右为内，平面图下为外、上为内。 （3）立面形式应按实际情况绘制
36	折叠上翻门	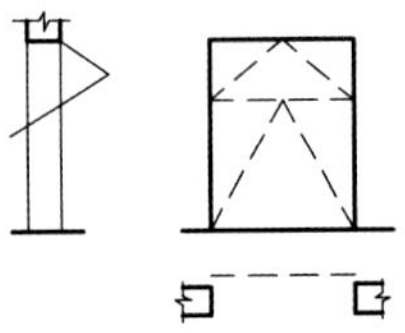	（1）门的名称代号用 M 表示。 （2）图例中剖面图左为外、右为内，平面图下为外、上为内。 （3）立面图上开启方向线交角的一侧为安装合页的一侧，实线为外开，虚线为内开。 （4）立面形式应按实际情况绘制。 （5）立面图上的开启线应在设计图中表示
37	竖向卷帘门	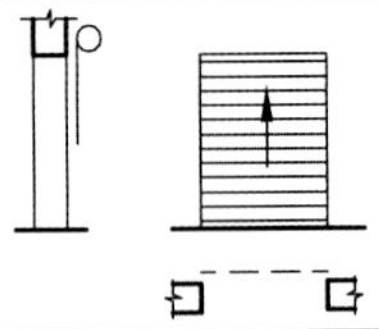	（1）门的名称代号用 M 表示。 （2）图例中剖面图左为外、右为内，平面图下为外、上为内。 （3）立面形式应按实际情况绘制
38	横向卷帘门	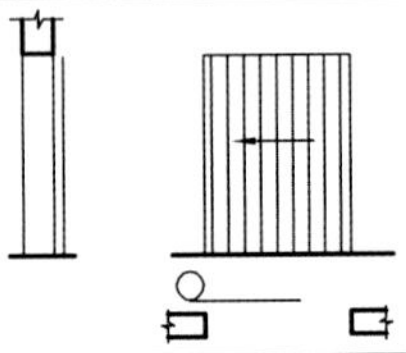	
39	提升门	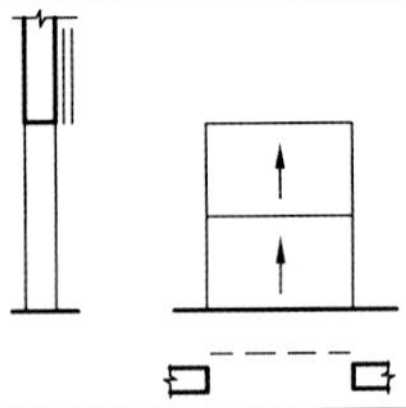	
40	单层固定窗	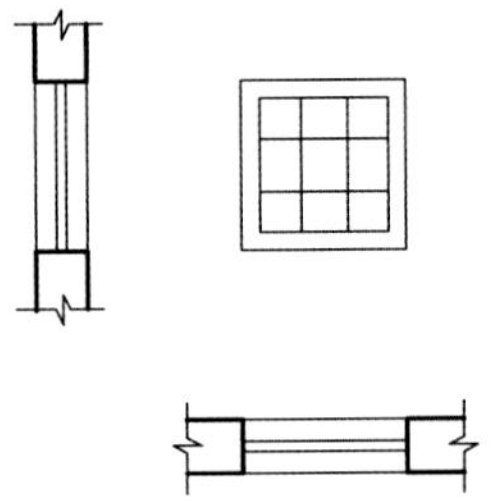	（1）窗的名称代号用 C 表示。 （2）图例中剖面图所示左为外、右为内，平面图所示下为外、上为内。 （3）立面图中的斜线表示窗的开启方向，实线为外开，虚线为内开；开启方向线交角的一侧为安装合页的一侧，一般设计图中可不表示。 （4）平面图和剖面图上的虚线仅说明开关方式，在设计图中不需表示。 （5）窗的立面形式应按实际情况绘制。 （6）小比例绘图时，平、剖面的窗线可用单粗实线表示
41	单层外开上悬窗	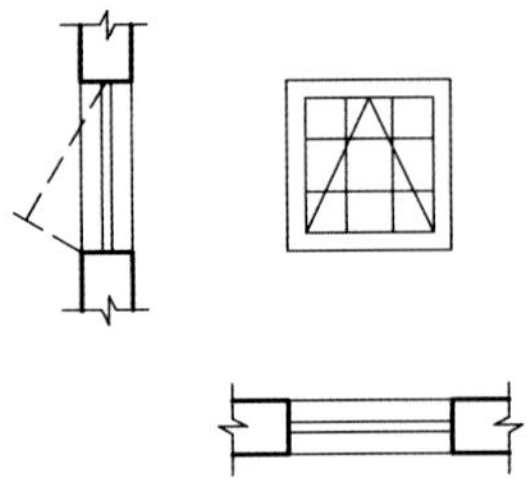	（1）窗的名称代号用 C 表示。 （2）立面图中的斜线表示窗的开启方向，实线为外开，虚线为内开；开启方向线交角的一侧为安装合页的一侧，一般设计图中可不表示。 （3）图例中剖面图所示左为外、右为内，平面图所示下为外、上为内。 （4）平面图和剖面图上的虚线仅说明开关方式，在设计图中不需表示。 （5）窗的立面形式应按实际绘制。 （6）小比例绘图时，平、剖面的窗线可用单粗实线表示

序　号	名　　称	图　　例	备　　注
42	单层中悬窗	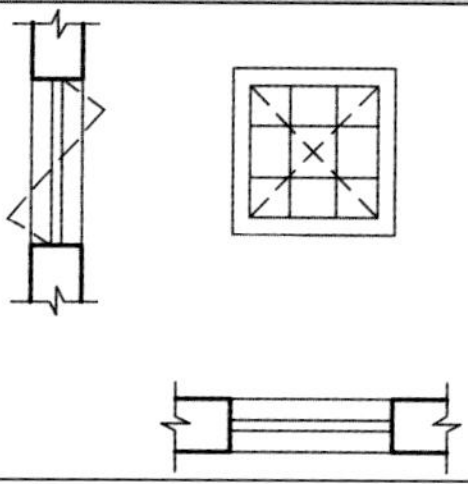	
43	单层内开下悬窗	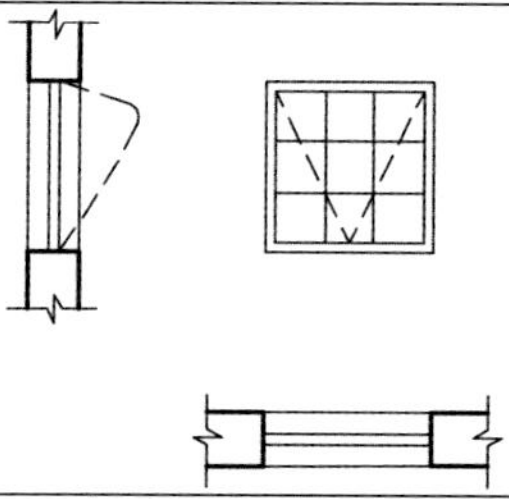	
44	立转窗	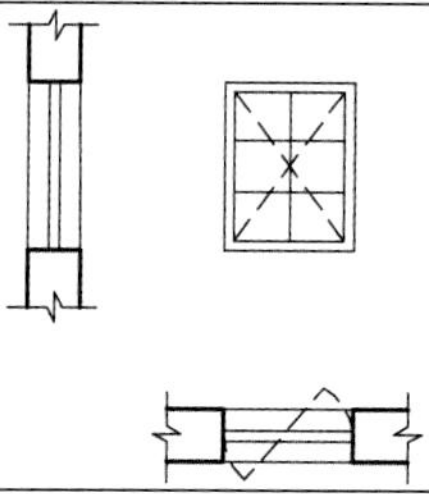	
45	单层外开平开窗	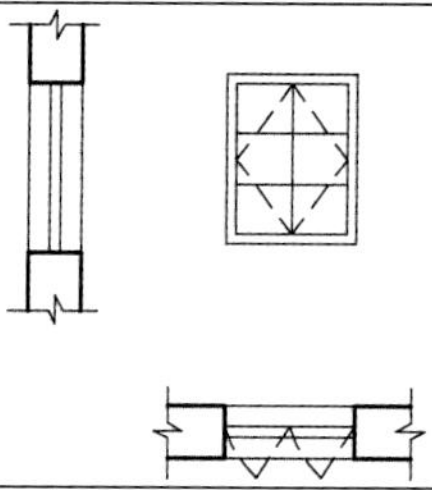 （1）窗的名称代号用 C 表示。 （2）立面图中的斜线表示窗的开启方向，实线为外开，虚线为内开；开启方向线交角的一侧为安装合页的一侧，一般设计图中可不表示。 （3）图例中剖面图所示左为外、右为内，平面图所示下为外、上为内。 （4）平面图和剖面图上的虚线仅说明开关方式，在设计图中不需表示。 （5）窗的立面形式应按实际绘制。 （6）小比例绘图时，平、剖面的窗线可用单粗实线表示
46	单层内开平开窗	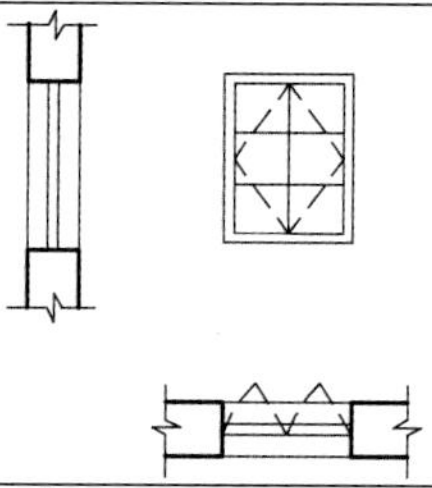
47	双层内外开平开窗	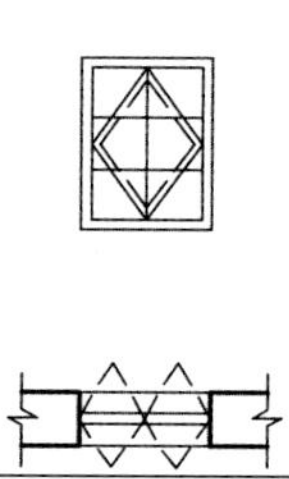
48	推拉窗	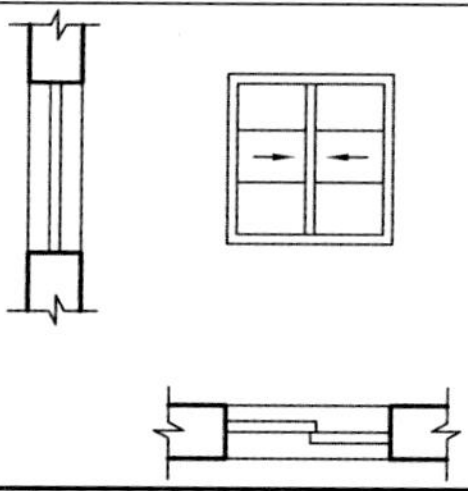 （1）窗的名称代号用 C 表示。 （2）图例中剖面图所示左为外、右为内，平面图所示下为外、上为内。 （3）窗的立面形式应按实际情况绘制。 （4）小比例绘图时，平、剖面的窗线可用单粗实线表示

续表

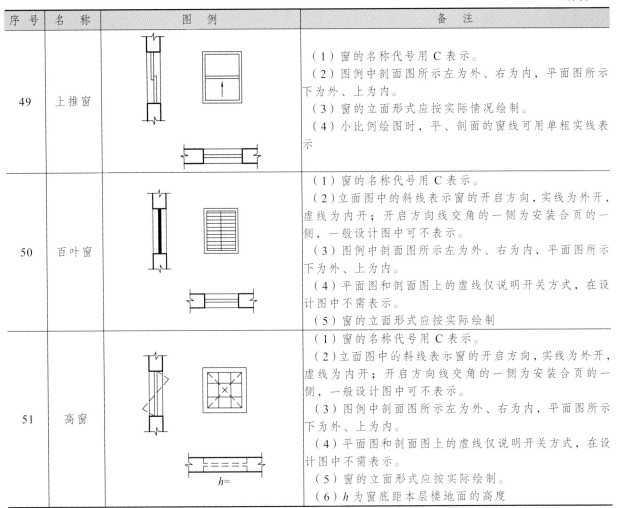

序 号	名 称	图 例	备 注
49	上推窗		（1）窗的名称代号用 C 表示。 （2）图例中剖面图所示左为外、右为内，平面图所示下为外、上为内。 （3）窗的立面形式应按实际情况绘制。 （4）小比例绘图时，平、剖面的窗线可用单粗实线表示
50	百叶窗		（1）窗的名称代号用 C 表示。 （2）立面图中的斜线表示窗的开启方向，实线为外开，虚线为内开；开启方向线交角的一侧为安装合页的一侧，一般设计图中可不表示。 （3）图例中剖面图所示左为外、右为内，平面图所示下为外、上为内。 （4）平面图和剖面图上的虚线仅说明开关方式，在设计图中不需表示。 （5）窗的立面形式应按实际绘制
51	高窗		（1）窗的名称代号用 C 表示。 （2）立面图中的斜线表示窗的开启方向，实线为外开，虚线为内开；开启方向线交角的一侧为安装合页的一侧，一般设计图中可不表示。 （3）图例中剖面图所示左为外、右为内，平面图所示下为外、上为内。 （4）平面图和剖面图上的虚线仅说明开关方式，在设计图中不需表示。 （5）窗的立面形式应按实际绘制。 （6）h 为窗底距本层楼地面的高度

4.4 建筑立面图

4.4.1 立面图的形成和作用

在与建筑立面平行的正投影面、侧投影面上得到的正面投影图或侧面投影图，称为建筑立面图。建筑立面图是外墙面装饰、安装门窗、修建阳台、雨篷、台阶等构造的主要依据（见图 4-3）。

4.4.2 立面图的图示内容

（1）立面图的名称和比例，立面图的命名主要有两种方式：一种是以朝向命名，如南立面图、东立面图等；一种是以定位轴线命名，如①～⑥立面图、⑥～①立面图等；比例一般情况与平面图相同，多采用 1∶50、1∶100、1∶200 等。

（2）建筑立面的门窗、阳台、雨篷、台阶、外墙面上突出的装饰物等结构的位置、标高等。

（3）楼层数、每层标高、首层室内楼地面与室外地平高差。

（4）文字说明的建筑外立面装饰材料及做法。

（5）与平面图配合识读，对建筑的形状、高度、质地及装修的色调有整体的认识。

（6）表达某构造细部内容的详图的索引符号。

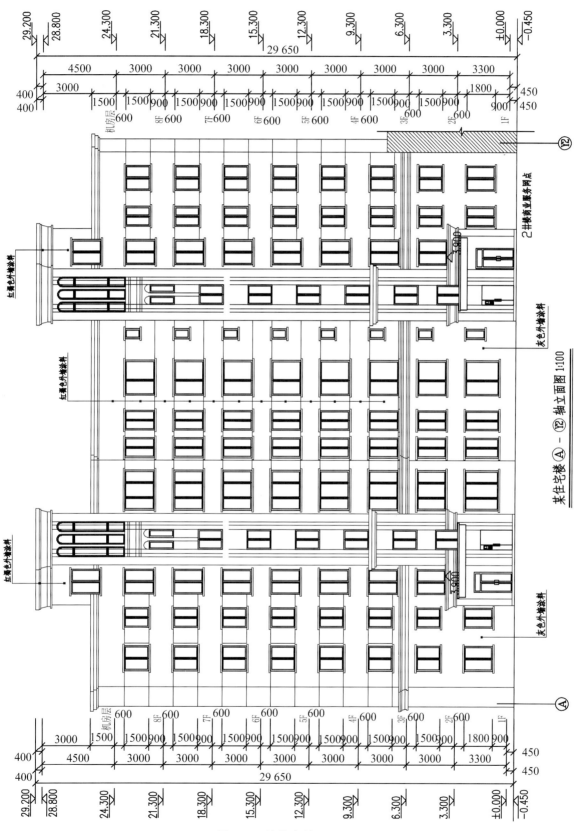

图 4-3 某住宅楼立面图

4.5 建筑剖面图

4.5.1 剖面图的形成和作用

　　为了表明房屋的内部结构，假想用一个或多个垂直于水平面的剖切平面对建筑进行剖切并向剖切方向作投影，所得到的投影图，称为建筑剖面图。建筑剖面图主要用于表达房屋内部构件布置、上下分层情况、层高、门窗洞口高度，以及房屋内部结构形式（见图4-4）。

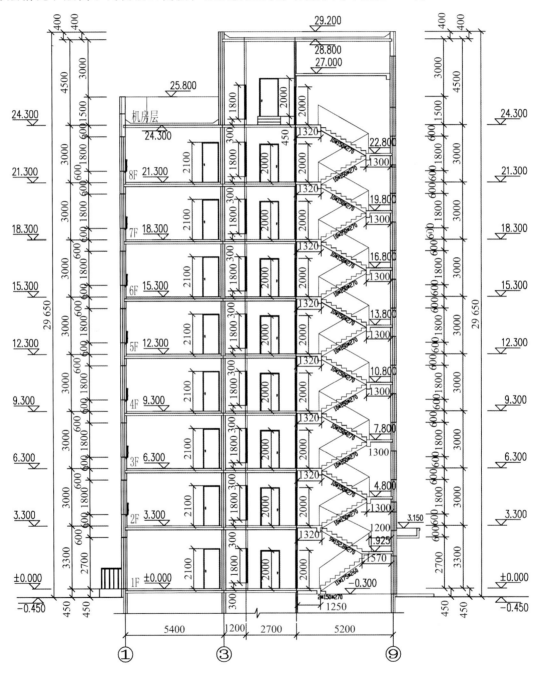

某住宅楼2-2剖面图　1:100

图4-4　某住宅楼剖面图

4.5.2 剖面图的图示内容

（1）图名与比例，图名应与首层平面图上的剖切符号的编号相一致；比例也应与平面图比例一致。

（2）被剖切到的墙、柱、门窗洞口及所属定位轴线、层间高度和门窗洞口等高度。

（3）表明房屋被剖切到的建筑构配件，在垂直方向上的布置情况，比如各层梁板的具体位置以及与墙柱的关系，屋顶的结构形式。

（4）表明室内地面、楼面、顶棚、踢脚板、墙裙、屋面等内装修用料及做法，需用详图表示处加标注详图索引符号。

4.6 建筑详图

4.6.1 详图的形成和作用

由于建筑平面图、立面图、剖面图比例较小，无法将其所有的详细内容表达清楚，所以针对需要详细表达的部位绘制详图，详图采用的比例较大，能将局部的详细构造表达清楚，如形状、尺寸大小、材料和做法等。也可以说，建筑详图是建筑平、立、剖面图的补充图样（见图4-5）。

建筑详图应做到图形清晰、尺寸标注齐全、文字注释详尽，建筑详图绘制比例常用 1:1、1:2、1:5、1:20 等大比例。

4.6.2 详图表达的内容

（1）详图名称、比例、详图符号。

（2）建筑构配件的形状及其他构配件的详细构造、层次、有关的详细尺寸和材料图例等。

（3）看各部位和各层次的用料、做法、颜色及施工要求等。

（4）标注的标高等。

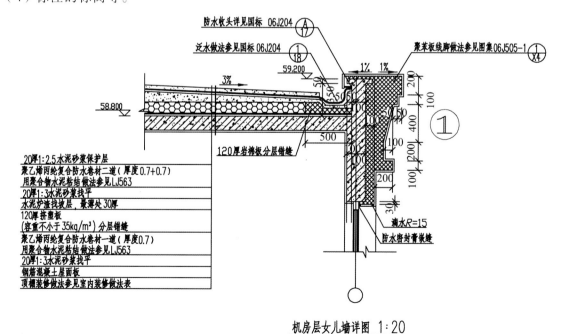

图 4-5 机房层女儿墙详图

第5章　室内装饰施工图识读

第5、6章课件

◆ **学习目标**

　　掌握室内装饰平面图、棚面图、地面铺装图、立面图、剖面图及详图识读的与绘制。
　　掌握一套装饰施工图包含的全部图示内容。

◆ **学习重点**

　　室内装饰施工平面图、棚面图、地面铺装图、立面图、剖面图及详图的图示内容及绘制步骤。

5.1　概　述

　　室内装饰装修是在建筑设计的基础上进行的，对室内空间进行设计、包装的过程，从而实现使用功能与视觉效果兼顾。

　　室内装饰装修设计需经过方案设计和施工图设计两个阶段，方案设计阶段主要整合了业主的要求、有关规范及现场情况等，经过初步的概念性设计，以平面图、立面图及效果图等的形式展现给业主，合格后再进入施工图设计阶段。

　　室内装饰装修施工图与房屋建筑施工图的图示原理一致，都是用正投影法绘制的，作为指导装饰装修施工的主要依据，其制图严格遵照《建筑制图标准》（GB/T 50104—2010）、《房屋建筑制图统一标准》（GB/T 50001—2010）及《房屋建筑室内装饰装修制图标准》（JGJ/T 244—2011）的相关规定。其内容主要用于表达装饰装修的设计风格、装饰材料、施工工艺及细部做法等。

5.2　装饰装修施工图的组成

　　装饰装修施工图一般由封面、目录（见图5-1）、设计说明、原始平面图、墙体拆改图、平面布置图、棚面图（天花图）、地面铺装图、室内立面图、剖面图、装饰装修详图等图纸组成。其中封面用来表达项目名称、设计单位、设计师姓名等内容；设计说明用来表达工程概况、房屋面积、工程去面积分配、设计依据、施工工艺做法以及创意来源等；原始平面图是未经改动的房屋原始的图样（见图5-2）；墙体拆改图是指在对房屋进行设计的过程中，空间改造后的图样（见图5-3）；平面布置图、棚面图（天花图）、地面铺装图、室内立面图、剖面图、装饰装修详图等是项目设计的表达，作为整套施工图纸的核心部分，也是施工的图样依据。

图纸目录

序号	图号	图纸名称	序号	图号	图纸名称
01	01	原始平面图	24	18	厨房立面（1）
02	02	拆墙尺寸图	25	19	厨房立面（2）
03	03	砌墙尺寸图	26	20	厨房立面（3）
04	04	地面铺装图	27	21	主卫生间立面（1）
05	05	顶棚尺寸图	28	21	主卫生间立面（2）
06	06	顶棚布置图	29	21	主卫生间立面（3）
07	07	灯位尺寸图	30	21	主卫生间立面（4）
08	08	开关布置图	31	22	公共卫生间立面（1）
09	09	强电布置图	32	22	公共卫生间立面（2）
10	10	弱电布置图	33	22	公共卫生间立面（3）
11	11	平面布置图	34	22	公共卫生间立面（4）
12	12	立面索引图	35	23	电气示意图
13	13	起居室立面（1）	36	36	
14	14	起居室立面（2）	37	37	
15	15	起居室立面（3）	38	38	
16	16	卧室立面（1）	39	39	
17	16	卧室立面（2）	40	40	
18	16	卧室立面（3）	41	41	
19	16	卧室立面（4）	42	42	
20	17	小孩房立面（1）	43	43	
21	17	小孩房立面（2）	44	44	
22	17	小孩房立面（3）	45	45	
23	17	小孩房立面（4）	46	46	

图 5-1 图纸目录

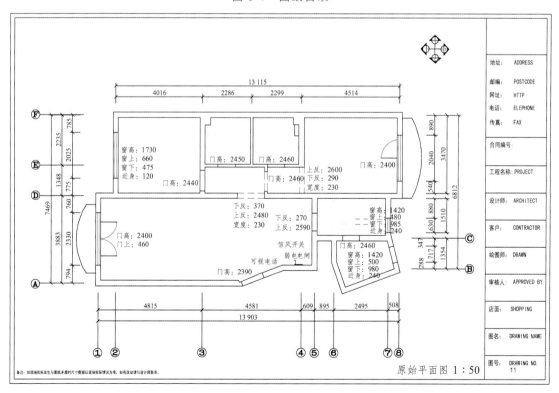

图 5-2 原始平面图

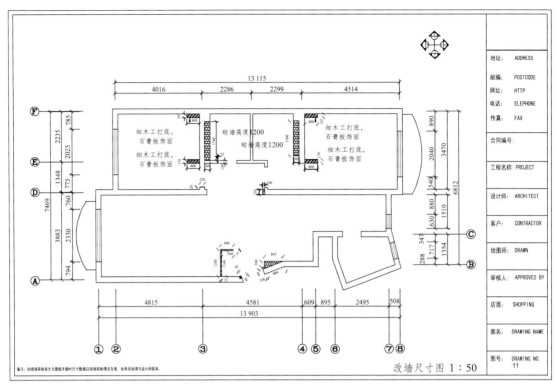

图 5-3   墙体拆改图

5.3   室内平面布置图

平面布置图是装饰装修施工图中的主要图样，其根据设计原理、人体工程学及户主要求绘制，反映房屋的平面布局、装饰空间及功能区域的划分，以及家具设备、绿化及装饰设施的布置，是确定装饰空间平面尺寸及装饰形体定位的主要依据（图 5-4 为某住宅的平面布置图）。

5.3.1   平面布置图的形成

假想用一个水平平面沿着门窗洞口对房屋进行水平剖切，移去上半部分，然后从上向下作正投影，所得到的图为平面布置图，被剖切到的墙体、柱的轮廓线用粗实线绘制，未与剖切平面接触但能看到的内容（如家居、设备等）用细实线绘制，平面布置图常用的比例有 1∶50、1∶100、1∶150。

5.3.2   平面布置图的图示内容

（1）空间布局、图样比例、定位轴线等基本内容。

（2）房间的开间和进深等尺寸、主要装修尺寸。

（3）各空间的地面标高。

（4）各功能空间的家具、设备的形状和位置（橱柜、操作台、洗手台、浴缸、坐便器、家电、柜子、窗、沙发等）。

（5）隔断、绿化、装饰构件、装饰小品的摆放与位置。

（6）立面索引符号、装修要求等文字说明。

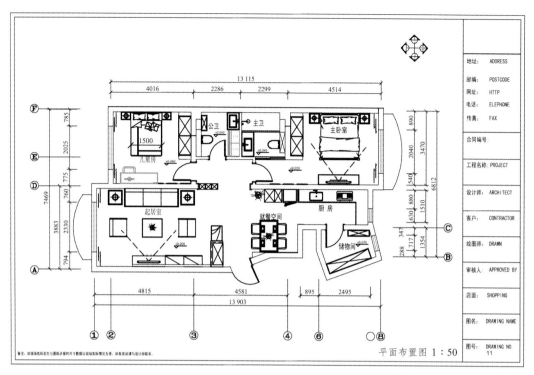

图 5-4　某住宅的平面布置图

5.3.3　平面布置图的绘制步骤

（1）选定比例，定图幅。

（2）依据定位轴线尺寸，绘制定位轴线。

（3）绘制被剖切到的墙身断面和门窗图例。

（4）画出厨房设备、家具、卫生洁具、电器设备、隔断、装饰构件等的布置。

（5）画出地面的拼花造型图案、绿化等。

（6）标注尺寸、剖面符号、详图索引符号、图例名称、文字说明等。

（7）描粗整理图线。

（8）写图名与比例。

5.4　棚面图

5.4.1　棚面图的形成

为了便于与平面布置图对应，棚面图通常采用镜像投影作图。棚面图又叫天花图，其功能综合性较强，其作用除装饰外，还兼有照明、音响、空调、防火等功能（图 5-5 为某住宅的棚面图）。

天花是室内设计的重要部位，天花的装修通常分为悬吊式和直接式。悬吊式天花造型复杂，所涉及的尺寸、材料、颜色、工艺要求等的表达也较多，造价较高；直接式天花则是利用原主体结构的楼板、梁进行饰面处理，做造型、工艺等。吊顶又分为叠级吊顶和平吊顶。

天花的装修施工图除天花平面图外，还要画出天花的剖面详图，才能完整地将其构造表达清楚。所以在天花平面图中需要注出剖面符号或详图索引符号。

5.4.2 棚面图的图示内容

（1）建筑主体结构的墙、柱、梁，门窗一般可不表示（或用虚线表示门窗洞的位置）。

（2）建筑主体结构的主要轴线、轴号、主要尺寸（如开间、进深尺寸等）。

（3）天花造型、灯饰、空调风口、排气扇、消防设施（如烟感器等）的轮廓线，条状装饰面材料的排列方向线。

（4）天花造型及各类设施（如灯具、空调风口、排气扇等）的定形、定位尺寸和标高。

（5）天花的各类设施、各部位的饰面材料，以及涂料的规格、名称、工艺说明等。

（6）节点详图索引或剖面、断面等符号的标注。

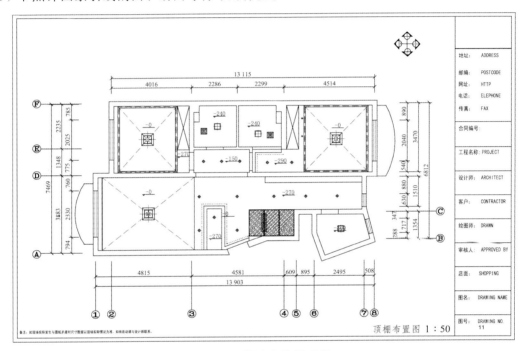

图 5-5　某住宅的棚面图

5.4.3 棚面图的绘制步骤

（1）选定比例，定图幅。

（2）依据定位轴线尺寸，绘制定位轴线。

（3）绘制被剖切到的墙身断面和门窗洞口。

（4）画出顶棚造型、灯饰、空调风口、排气扇及消防设施等。

（5）标注尺寸、剖面符号、详图索引符号、图例名称、文字说明等。

（6）描粗整理图线。

（7）注写图名与比例。

5.5　地面铺装图

5.5.1 地面铺装图的形成

地面铺装图同平面图的形成一样，不同的是地面铺装图不画可移动的家居及设施，只画出地面的铺装形式，标注地面材质、尺寸、颜色、地面标高等（见图5-6）。

5.5.2　地面铺装图的图示内容

地面铺装图主要以反映地面装饰风格、材料选用为主，图示内容有以下几点。

（1）建筑平面图的基本内容。

（2）室内楼地面材料选用、颜色与风格尺寸及地面标高等。

（3）楼地面拼花造型。

（4）索引符号、图名及必要说明。

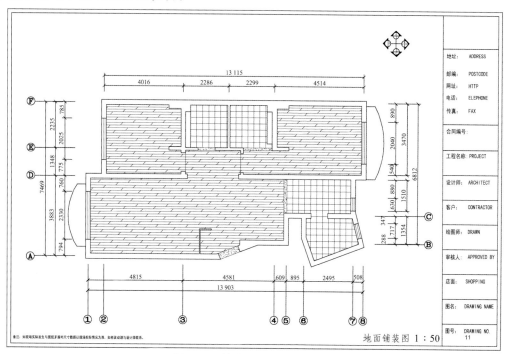

图 5-6　某住宅的地面铺装图

5.5.3　地面铺装图的绘制步骤

（1）选比例、定图幅。

（2）画出建筑主体结构的平面图。

（3）画出各房间地面的材料。

（4）标出各房间地面标高。

（5）描粗整理图线。

（6）注写文字说明等。

（7）注写图名与比例。

5.6　室内立面图

5.6.1　室内立面图的形成

室内立面图是将房屋的室内墙面按立面索引符号的指向，向直立投影面所作的正投影图。其主要用于反映室内墙面的装饰设计形式、尺寸、做法、材料及色彩等内容，是室内墙面装饰装修施工的主要依据图样，如图 5-7（a）、（b）、（c）、（d）所示。

室内立面图的图名应与相应的立面索引符号的编号一致。

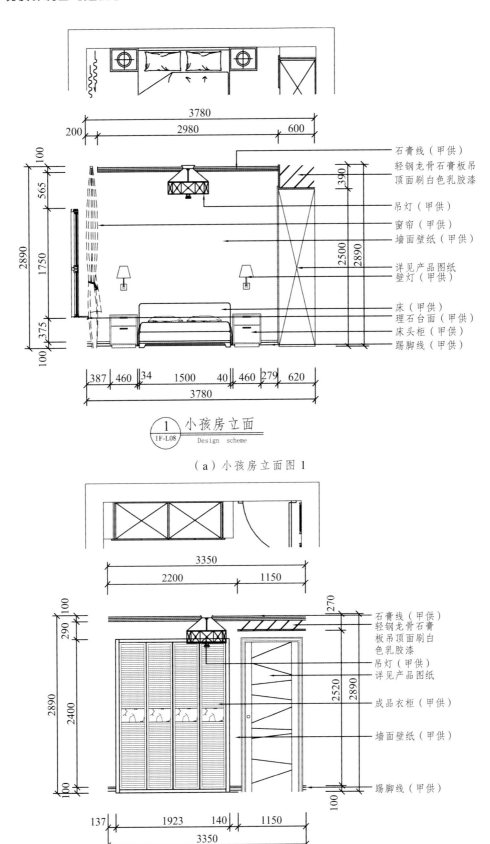

3780
2980   600
200

100
565
2890
1750
375
100

3390
2500 2890

石膏线（甲供）
轻钢龙骨石膏板吊顶面刷白色乳胶漆
吊灯（甲供）
窗帘（甲供）
墙面壁纸（甲供）
详见产品图纸
壁灯（甲供）
床（甲供）
理石台面（甲供）
床头柜（甲供）
踢脚线（甲供）

387 460 34 1500 40 460 279 620
3780

① 小孩房立面
1F-L08 Design scheme

（a）小孩房立面图1

3350
2200   1150

100
290
2890
2400
100

270
2520 2890

石膏线（甲供）
轻钢龙骨石膏板吊顶面刷白色乳胶漆
吊灯（甲供）
详见产品图纸
成品衣柜（甲供）
墙面壁纸（甲供）
踢脚线（甲供）

137 1923 140 1150
3350

② 小孩房立面
1F-L09 Design scheme

（b）小孩房立面图2

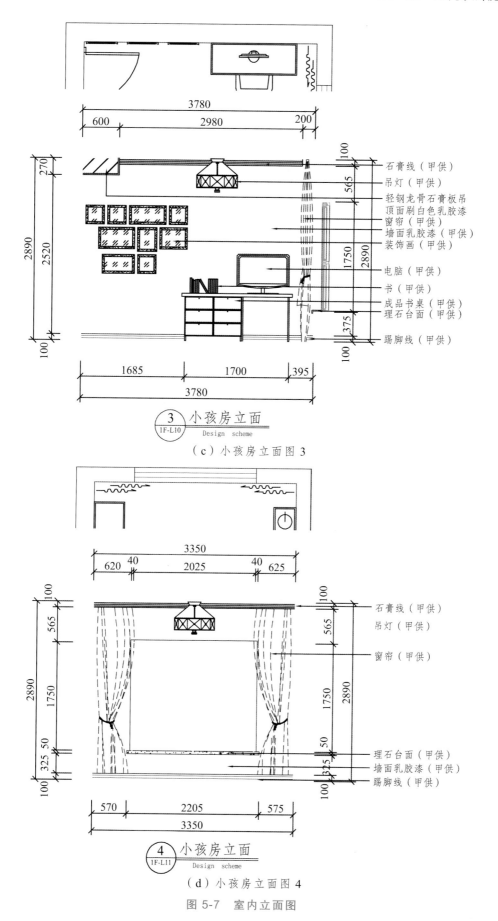

（c）小孩房立面图 3

（d）小孩房立面图 4

图 5-7　室内立面图

5.6.2 室内立面图的图示内容

（1）室内立面轮廓形状、棚顶的形式。
（2）所能观察到的家具、设备、门窗等的形式。
（3）墙面、柱面上的灯具、挂件、壁画等装饰的位置、数量及尺寸。
（4）墙面及家具、设备的纵向和横向尺寸、顶棚、地面的标高。
（5）墙面装饰材料、做法及色彩等文字说明。
（6）索引符号、图名及必要说明。

5.6.3 室内立面图的绘制步骤

（1）选定比例，定图幅。
（2）画出室内立面轮廓形状、棚顶的轮廓线。
（3）画出能观察到的家具、设备、门窗等。
（4）墙面、柱面上的灯具、挂件、壁画等装饰。
（5）标注尺寸、剖面符号、详图索引符号、图例名称、文字说明。
（6）描粗整理图线。
（7）写图名与比例。

5.7 装饰详图

5.7.1 装饰详图的形成

由于平面布置图、立面图等比例较小，对于一些细部的结构无法表达清楚，所以需要将局部单独提出来，以大比例绘制，从而表达清楚，详图的位置参照相应的详图符号与索引符号（符号内容参见本书第 1 章）。

室内装饰详图通常以剖面详图或局部节点大样图来表达。剖面详图是将装饰面整个剖切或局部剖切，以表达它内部构造和装饰面与建筑结构的相互关系的图样；节点大样图是将在平面图、立面图和剖面图中未表达清楚的部分，以大比例绘制的图样。

5.7.2 装饰详图的分类

装饰装修详图按其表达部位不同可分为以下几类。

1. 墙（柱）面装饰装修剖面图

假想对墙（柱）体进行剖切，移除一部分，朝着剩下的部分作正投影，然后将剖切开的断面绘制成的图样为墙（柱）面装饰装修剖面图，主要表达室内立面墙体的构造，反映分层结构、尺寸、色彩及工艺做法等（图 5-8 所示为电视背景墙剖面图）。

2. 顶棚详图

一般都会选择棚顶比较复杂或顶与墙相接触的部位进行剖切，顶棚详图主要用于表达吊顶的形式、构造及工艺做法等（见图 5-9）。

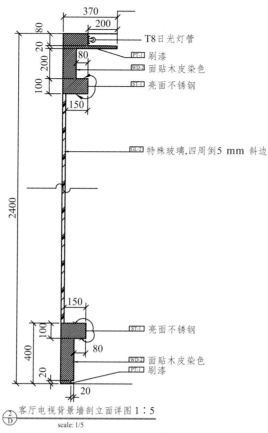

图 5-8　电视背景墙剖面图

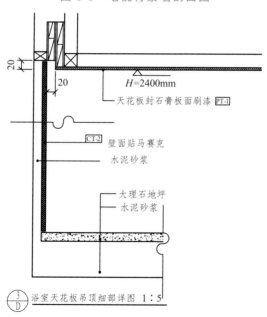

图 5-9　浴室天花板吊顶细部详图

3. 楼地面详图

楼地面详图反映地面造型、选用材料及工艺做法，以节点大样图的形式表达。

4. 家具详图

以节点大样图的形式表达家具的造型、尺寸、材料、颜色及工艺做法等，如图 5-10 所示为衣柜的细部大样详图。

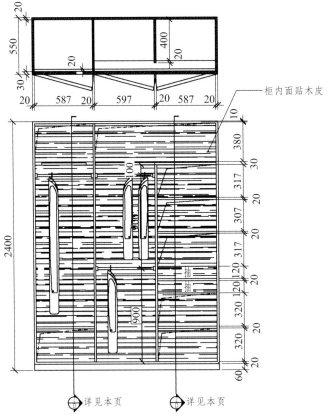

柜内面贴木皮

主卧室衣柜内视详图

（a）

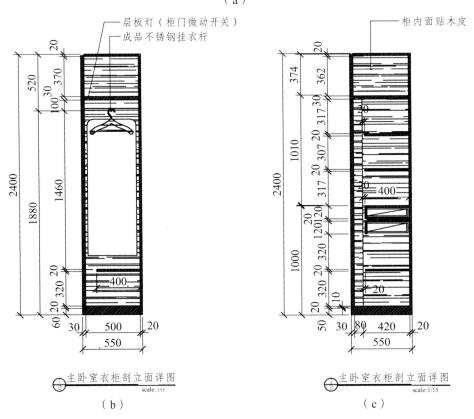

层板灯（柜门微动开关）
成品不锈钢挂衣杆

柜内面贴木皮

主卧室衣柜剖立面详图
scale: 1/15

（b）

主卧室衣柜剖立面详图
scale: 1/15

（c）

图 5-10　衣柜细部大样详图

5．其他装饰详图

小品及饰物等的详图，以节点大样图的形式表达小品、饰物的造型、尺寸、材料、颜色及工艺做法等。

5.7.3　装饰详图的图示内容

（1）装饰装修形体构造的造型样式。

（2）墙（柱）等承重结构的内部构造、尺寸、材料及工艺做法等。

（3）所依附的建筑结构材料、连接做法。

（4）装饰面层、胶缝及线角的图示等。

（5）色彩、做法及说明。

（6）索引符号、图名、比例等。

5.7.4　装饰详图的绘制步骤

（1）选定比例，定图幅。

（2）画出轮廓线及细部内容。

（3）填涂建筑材料图例。

（4）标注尺寸、剖面符号、详图索引符号、图例名称、文字说明。

（5）描粗整理图线。

（6）写图名与比例。

第6章 园林施工图

◆ **学习目标**

通过对园林施工图的学习，了解园林施工图的内容，并会识读园林施工图。

◆ **学习重点**

掌握园林施工图的识读。

6.1 园林施工图概述

6.1.1 园林施工图的内容

园林施工图主要包括封皮、目录、说明、总平面图、竖向设计施工图、植物配置图、硬质铺装图、照明电气图、给排水施工图、园林小品施工详图等。

封皮部分内容包括工程名称、建设单位、施工单位、时间、工程项目编号等。

目录包括文字或图纸的名称、图别、图号、图幅、基本内容、张数，如图6-1所示。

×××园林设计院有限公司		图 纸 目 录		
工程设计证书编号 甲级×××—SJ	工程名称	×××文化中心绿化景观工程	工程编号	20160316
2016年8月31日	项目	总目录	共2页	第1页
序号	图 号	图 纸 名 称	图幅	备 注
		总施		
1	总施—01	施工说明1	A2	
2	总施—02	施工说明2	A2	
3	总施—03	总平面图	A2	
4	总施—04	定位总平面图	A2	
5	总施—05	竖向总平面图	A2	
		绿施		
6	绿施—01	绿化种植总平面图	A2	
7	绿施—02	绿化种植上木平面图	A2	
8	绿施—03	绿化种植下木平面图	A2	
9	绿施—04	绿化种植剖面图及透视图	A2	
10	绿施—05	绿化种植苗木表	A2	
		园施		
11	园施—01	分区索引图	A2	
12	园施—02	导向标识及垃圾箱布置平面图	A2	
13	园施—03	主入口定位平面图	A2	
14	园施—04	主入口铺装平面图	A2	
15	园施—05	台阶及挡土墙剖面图及详图	A2	
16	园施—06	铭牌平、立、剖面及详图	A2	
17	园施—07	树池平面、立面、剖面及详图	A2	
18	园施—08	后花园定位平面图　　后花园铺装平面图	A2	
19	园施—09	花架平、立、剖面图及详图	A2	
		出图章		
项目负责人		专业负责人		填表人

图6-1 园林景观施工图目录

说明：针对整个工程进行说明，如设计依据、施工工艺、材料数量、规格及其他要求。

6.1.2　园林施工图的作用

（1）根据施工图编制施工图预算。
（2）根据施工图安排材料、设备订货及非标准材料的加工。
（3）作为施工和安装的依据。
（4）根据施工图进行工程验收。

6.2　园林施工图的识读

6.2.1　园林总平面图

园林总平面图是表达整个项目设计的总平面图，用来展现整体效果，并从中了解如下基本信息，如图 6-2 所示。

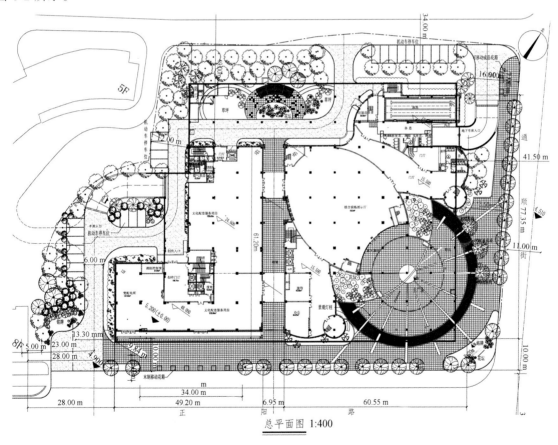

图 6-2　某文化中心总平面图

（1）指北针（或风玫瑰图），绘图比例（施工总平面图一般采用 1:500、1:1000、1:2000 的比例绘制），整体布局。
（2）景点、建筑物或者构筑物的名称，图例表（建筑物、构筑物、道路、铁路以及植物等的图例，可参见相应的制图标准，如果由于某些原因必须另行设定图例时，应该在总图上绘制专门的图例表进行说明）。

（3）道路、铺装的位置、尺度、坐标、标高以及定位尺寸。

（4）地形、水体的主要控制点坐标、标高及控制尺寸。

（5）植物种植区域轮廓。

（6）小品主要控制点坐标及小品的定位、定形尺寸。

> ★提示：施工总平面图中的坐标、标高、距离宜以"m"为单位，并应至少取至小数点后两位，不足时以"0"补齐。详图宜以"mm"为单位，如不以"mm"为单位，应另加说明。

6.2.2 园林竖向设计图

竖向设计是指在一块场地中进行垂直于水平方向的布置和处理，也就是地形高程设计，如图 6-3 所示。

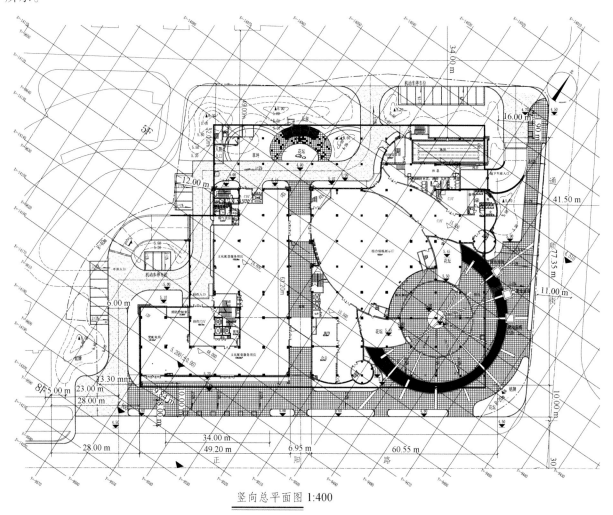

竖向总平面图 1:400

图 6-3　竖向总平面图

（1）图名，指北针，图例，比例，文字说明。文字说明中应该包括标注单位、绘图比例、补充图例等。

（2）地形等高线，设计等高线的等高距一般取 0.25 ~ 0.5 m，当地形较为复杂时，需要绘制地形等高线放样网格。

（3）最高点或者某些特殊点的坐标及该点的标高，如道路的起点、变坡点、转折点和终点等的设计标高（道路在路面中、阴沟在沟顶和沟底）、纵坡度、纵坡距、纵坡向、平曲线要素、竖曲线半径、关键点坐标，建筑物、构筑物室内外设计标高，挡土墙、护坡或土坡等构筑物的坡顶和坡脚的设计标高等。

（4）用坡向箭头标明设计地面坡向，指明地表排水的方向、排水的坡度等，如图中靠近正阳路的道路坡度为 2%。

6.2.3　园林植物配置图

植物配置图主要用来表达在设计中选用的植物种类、规格、配置形式等。植物配置图通常包括绿化总平面图、上木配置图、下木配置图、苗木表等。绿化总平面图是整个项目中所有绿化植物的布置图，包括上木（高大乔木）、下木（耐阴乔灌木）以及花卉、草坪等，如图 6-4 所示。

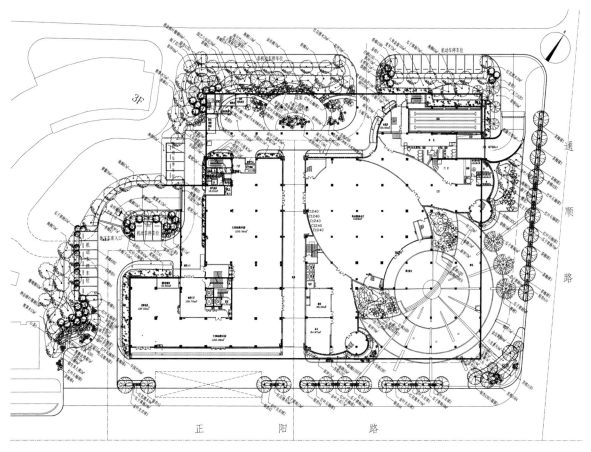

绿化种植总平面图 1:400

图 6-4　绿化种植总平面图

植物配置总图主要展现绿化的整体情况，一般情况下，还需将植物配置总图中的上木与下木分别提出来，形成单独的上木配置图、下木配置图，与植物配置总图共同展示，如图 6-5、图 6-6 所示，分别为某文化中心的上木配置图与下木配置图。

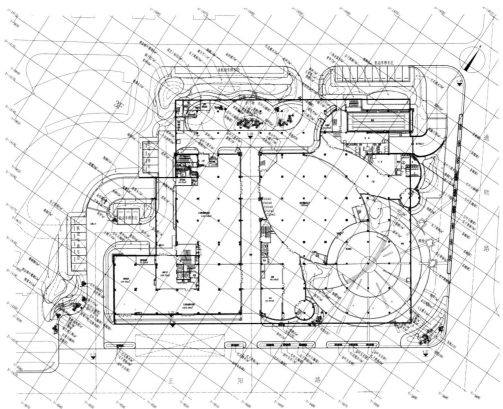

绿化种植上木平面图 1:400

图 6-5　绿化种植上木平面图

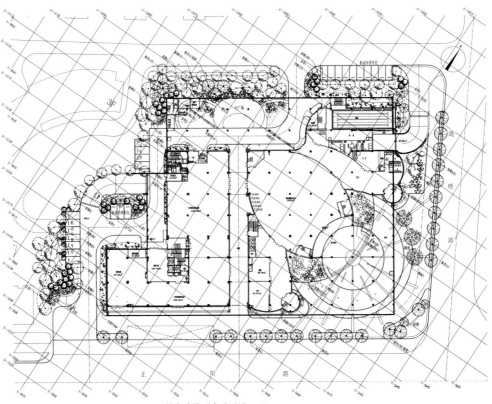

绿化种植下木平面图 1:400

图 6-6　绿化种植下木平面图

植物配置图中还需备有苗木统计表，主要内容为所选用苗木的种类、规格（胸径）、数量以及为保证景观效果的特殊要求等，为购买苗木、苗木栽植以及工程量计算等提供信息。

表 6-1　绿化种植苗木表

序号	名　称	棵数（棵）	面积（m²）	规　格			备　注
				胸径 φ（mm）	高度 H（mm）	蓬径 S（mm）	
1	银杏 A	23	—	20~22	601 以上	401 以上	实生，特选，树形优美、饱满，全冠种植
2	银杏 B	2	—	16~18	551 以上	361 以上	实生，特选，树形优美、饱满，全冠种植
3	银杏 A（嫁接）	6	—	20~22	601 以上	451 以上	嫁接，特选，树形优美、饱满，全冠种植
4	银杏 B（嫁接）	2	—	16~18	551 以上	361 以上	嫁接，特选，树形优美、饱满，全冠种植
5	香樟 A	27	—	19~20	601 以上	501 以上	特选，树形挺拔、饱满，全冠种植
6	香樟 B	36	—	15~16	501 以上	401 以上	树形优美、饱满，全冠种植
7	榉树	3	—	20~22	651 以上	501 以上	特选，树形挺拔、饱满，全冠种植
8	广玉兰 A	5	—	24~25	601 以上	451 以上	特选，树形挺拔、饱满，全冠种植
9	广玉兰 B	3	—	16~18	501 以上	351 以上	树形优美、饱满，全冠种植
10	四季桂	9	—	D6	301 以上	201 以上	树形优美、饱满，全冠种植
11	金桂	35	—	8~10	351 以上	221 以上	树形优美、独本，全冠种植
12	山茶	28	—	6~8	180 以上	161 以上	树形优美、饱满，全冠种植
13	樱花	20	—	D7~D8	301 以上	221 以上	树形优美、饱满，全冠种植
14	鸡爪槭	2	—	D7~D8	351 以上	251 以上	特选，树形挺拔、饱满，全冠种植
15	红枫 A	13	—	D7~D8	251 以上	181 以上	特选，树形挺拔、饱满，全冠种植
16	红枫 B	33	—	D5~D6	221 以上	151 以上	树形优美、饱满，全冠种植
17	刚竹		95	杆径 4~5	—	—	4~6 株/m²
18	早园竹		132	杆径 5~6	—	—	4~6 株/m²
19	凤尾竹		21				
20	苏铁 A	22	—	—	杆高 120	110~120	多头
21	苏铁 B	33	—	—	杆高 80	80~100	高低搭配，错落组合栽种
22	棕榈 A	11	—		杆高 350~400	—	全冠全根栽植，留全叶 15~20 片，根尖不得损伤
23	棕榈 B	27	—		杆高 200~250	—	
24	棕榈 C	21	—		杆高 150		根尖不得损伤
25	红叶石楠球	43	—			球径 151 以上	球形优美、饱满，可拼球
26	茶梅球	32	—			球径 81 以上	球形优美、饱满，可拼球
27	红花继木球	3	—			球径 81 以上	球形优美、饱满，可拼球
28	金叶女贞球	15	—			球径 101 以上	球形优美、饱满，可拼球

序号	名 称	棵数（棵）	面积（m²）	规 格			备 注
				胸径 ϕ（mm）	高度 H（mm）	蓬径 S（mm）	
29	洒金桃叶珊瑚	—	113	—	61～70	51 以上	5 株/m²，高度为修剪后高度
30	黄馨	—	60	—	51～60	41 以上	6 株/m²，高度为修剪后高度
31	珊瑚篱	—	60	—	71～80	61 以上	3～4 株/m²，高度为修剪后的高度
32	南天竹	—	174	—	51～60	41 以上	分枝数 7 枝以上，6 株/m²
33	毛鹃		24	—	41 以上	31 以上	10 株/m²，高度为修剪后的高度

6.2.4 园林硬质铺装图

景观硬质铺装图主要表达园路、广场等铺装图案、尺寸、材料、规格、拼接方式以及铺装材料特殊说明等。铺装平面图是购买材料、施工工艺、工期确定、工程施工进度、计算工程量的依据，如图 6-7 所示为截取文化中心的广场，其广场最外侧半环形部分采用厚度为 40，尺寸为 150×150 的烧面芝麻黑花岗岩，内部半环形的铺装选用厚度为 40、尺寸为 600×600 的烧面大花白花岗岩。

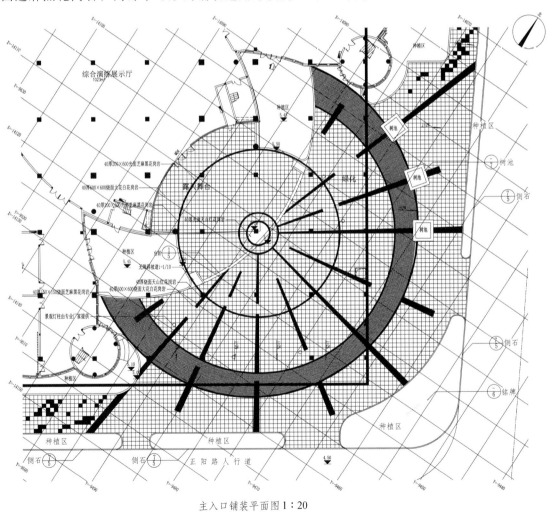

主入口铺装平面图 1：20

图 6-7 文化中心广场的铺装平面图

表 6-2　园林景观设计图例

序号	名 称	图 例	说 明
建　筑			
1	温室建筑	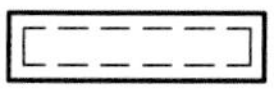	依据设计绘制具体形状
等 高 线			
2	原有地形等高线		用细实线表达
3	设计地形等高线		施工图中等高距值与图纸比例应符合如下规定： 图纸比例 1：1000，等高距值 1.00 m； 图纸比例 1：500，等高距值 0.50 m； 图纸比例 1：200，等高距值 0.20 m
山　石			
4	山石假山		依据设计绘制具体形状，人工塑山需要标注文字
5	土石假山	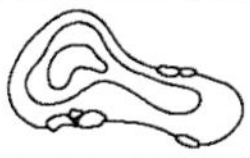	包括"土包山""石包山"及土假山，依据设计绘制具体形状
6	独立景石		依据设计绘制具体形状
水　体			
7	自然形水体	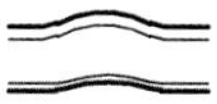	依据设计绘制具体形状，用于总图
8	规则形水体	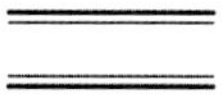	依据设计绘制具体形状，用于总图
9	跌水、瀑布		依据设计绘制具体形状，用于总图
10	旱涧		包括"旱溪"，依据设计绘制具体形状，用于总图
11	溪涧	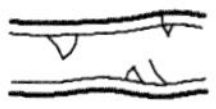	依据设计绘制具体形状，用于总图
绿　化			
12	绿化	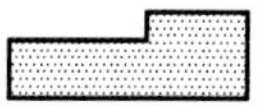	施工图总平面图中绿地不宜表示植物，以填充及文字进行表达
常用景观小品			
13	花架	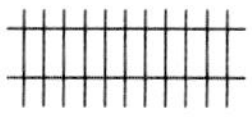	依据设计绘制具体形状，用于总图
14	座凳	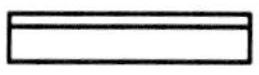	用于表示座椅的安放位置，单独设计的依据设计形状绘制，文字说明
15	花台、花池	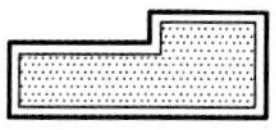	依据设计绘制具体形状，用于总图
16	雕塑	 雕塑　雕塑	
17	饮水台		仅表示位置，不表示具体形态，根据实际绘制效果确定大小；也可依据设计形态表示
18	标识牌		
19	垃圾桶	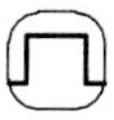	

表 6-3　植物图例表

序号	名　称	图　例			说　明
		单株		群植	
		设　计	现　状		
1	常绿针叶乔木	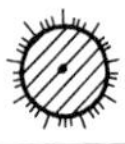	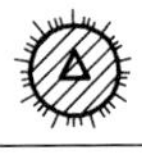	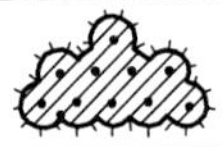	乔木单株冠幅宜按照实际冠幅，为 3～6 m 绘制，灌木单株冠幅宜按实际冠幅为 1.5～3 m 绘制，可根据植物合理冠幅选择大小
2	常绿阔叶乔木				
3	落叶阔叶乔木			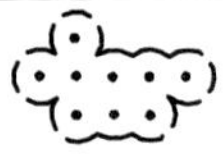	
4	常绿针叶灌木				
5	常绿阔叶灌木			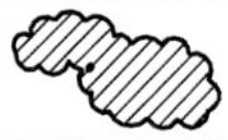	
6	落叶阔叶灌木				
7	竹类		—		单株为示意；群植范围按实际分布情况绘制，在其中示意单株图例
8	地被				
9	绿篱	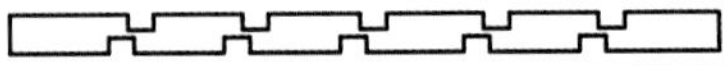			按照实际范围绘制

第二部分

透视学
TOUSHIXUE

第 7 章　透视学概述

第7、8章课件

◆ **学习目标**

　　掌握透视的基本概念。

　　了解透视学的研究内容。

　　明确学习透视的目的与方法。

◆ **学习重点**

　　透视的基本概念。

　　透视现象的分类。

　　不同透视现象的基本规律。

◆ **学习难点**

　　透视的基本概念辨析。

　　透视角度及位置的选择。

7.1　透视的基本概念

7.1.1　透视的基本概念

　　"透视"一词并非是一个内容界定明确和语义表达清晰的词汇。通常，我们将它分解为三个部分来看待：透视现象、透视学和透视图。

　　透视现象：实际上是一种近大远小的视觉现象。这种现象的产生由观察者观察物体的相对位置决定，如观察位置的高低、远近及方向等。因此，物体的景象在人眼中会反映出与客观状态存在一定程度上的变化。例如，远处的火车轨道越来越窄，如图 7-1 所示。

图 7-1　透视现象

　　透视学：研究透视现象产生原理及内在规律的一门学科。对该领域的研究和学习有助于我们更好地认识和了解客观物体的形态结构，从而以更加准确和科学的方式将三维物体及空间展现在二维平面上。透视学的研究促进了很多学科和领域的发展，如建筑、景观、室内设计、工程设计和机械设计等。因此，它在人类社会发展中起到了很大的作用。

　　透视图：在透视理论的基础上，将三维物体及空间科学合理地表现在二维平面上的图画。换句话说，凡是运用透视方法展现三维物体及空间的图画都可以称为透视图。具体来说，当我们站在透明玻璃窗前，闭上一只眼睛并将另外一只眼睛的位置固定好，然后去观察窗外景物，将透过玻璃窗的景物依样描绘在透明玻璃窗上，描绘出的图像是具有透视现象、能体现出立体感和空间感的透视图，它与我们看到的客观景物相一致。

　　透视图通常分为三种：只有一个消失点的一点透视[见图 7-2（a）]；具有两个消失点的两点透视，也称为成角透视[见图 7-2（b）]；具有三个消失点的三点透视，即仰视图和俯视图[见图 7-2（c）]。这三大类透视是我们在绘制透视效果图中经常用到的，我们要根据图面需要表达的内容、角度、视觉效果等多个方面选定适合的透视方法进行绘制。因此，对于这三种透视规律的学习和掌握是绘制三维效果图重要的理论保障。

（a）一点透视

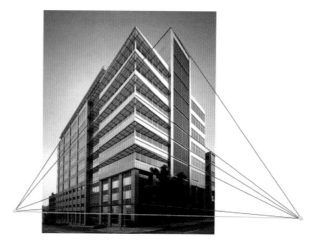

（b）两点透视

（c）三点透视

图 7-2　透视图

7.1.2　透视学的研究内容

　　透视学的研究对象是客观物体，因此，透视现象的体现是通过物体固有属性在人眼中产生的视觉效果的改变而实现的。通常表现在物体的形状、体积和颜色上的变化。因此，透视学的研究内容主要包括以下三个方面。

　　形体透视：研究物体形体上的变化。遵循透视规律，物体会表现出近大远小并向一个或多个消失点汇聚的视觉现象，物体这一形体变化的内在规律则是形体透视的主要研究内容。依据消失点个数的不同可以分为一点透视、两点透视和三点透视。

空气透视：研究物体色彩上的变化。由于空气中含有很多杂质和水分，因此在人眼观察物体的过程中，这些因素会对最终的观察结果产生一定的影响，并体现在人眼观察到的物体颜色的明度和饱和度上。这一现象主要受到观察距离和空气中水分及杂质含量等两方面因素的影响，表现为：物体距离观察者越近时，其色彩越鲜明，越接近于物体的固有色，随着观察距离的不断增大，人眼观察到的物体颜色将逐渐失去其固有色，从而变得更灰、更淡，如图 7-3 所示。

图 7-3　空气透视

隐形透视：研究物体的知觉变化。在人眼观察物体的过程中，随着观察距离的增大，观察物体在人眼中成像的变化除了表现在上述两个方面以外，还体现在成像的模糊程度上。这是因为，当观察距离增加时，被观察物体在人眼中的成像会变小，因此映入人眼的视角就会变小，被观察物体的很多细部就会逐渐消失，也就越不容易被观察者所察觉，因而，物体在人眼中的成像也就越模糊，如图 7-4 所示。

图 7-4　隐形透视

7.1.3　学习透视的目的与方法

首先，学习和掌握透视学的相关知识可以帮助我们更加准确和科学地描绘需要表达的物体及场景。它是方案推敲和设计意向图表达的重要途径。因此，真实、客观、直观地反映设计构思是绘制透视图的首要前提条件。

其次，透视学是一门数理性极强的学科，它是在数学理论的基础上建立起来的，因此，在不断学习透视学和推导透视图的过程中有利于培养我们的逻辑思维能力。

另外，在绘制透视形体及空间的过程中，我们需要将二维的平面图、立面图通过缜密的推敲以立体的效果图的形式展现出来，在此过程中，需要我们有一定的空间想象能力，并且在作图的过程中这种能力也会不断增强。

透视学是一门应用学科，其实践性要远远高于理论性。因此在学习的过程中，学者要注重实践能力的训练和提升。对于一名合格的设计师来说，能够通过透视图的形式准确无误地表达自己的设计构思是最基本的能力。然而在我们成为一名合格的设计师之前，仅仅通过书本上的理论知识来理解透视学是远远不够的。我们需要做的是将理论知识消化于内心，并以此作为今后绘制效果图的参考和标准，在此基础上勤加练习，从而练就娴熟的技能，如图7-5所示。

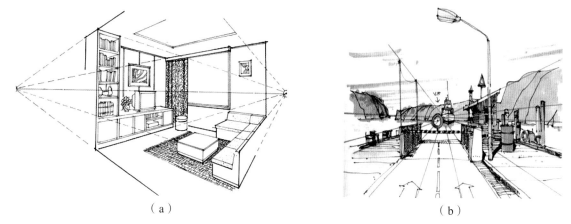

（a）　　　　　　　　　　　　　（b）

图 7-5　透视图

7.2　透视原理

7.2.1　透视的形成与透视学术语

在我们观察物体的过程中，透视效果究竟是如何产生的呢？当观察者选定观察位置后不动，将观察者的眼睛（即视点）与被观察物体高度上的两个端点进行连线（见图7-6），可以得到一个三角形。当观察距离越近时三角形的一侧夹角越大，其在人眼中的成像就越大，反之则越小。因此，物体受到透视效果的影响在人眼中会反映出近大远小的视觉效果。

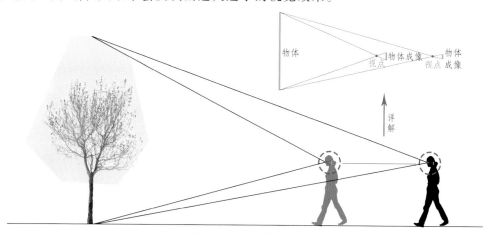

图 7-6　透视的形成

此外，当观察距离较近时，物体的成像较大，其透视效果较为明显，并且体积大的物体比体积小的物体在体量上产生的透视效果也更加明显。

在透视学的研究过程中，为了方便概念的阐述和交流，在透视学的不断发展中形成了一些带有特定含义的词汇，称为透视学术语。这些术语在我们学习和研究透视学中会经常遇到，下面结合图示为初学者介绍一些常用的透视学术语，如图 7-7 所示。

（1）画面（P）——它是一个假想的透明平面，也是成像面，它被称为理论画面，而我们在作图时使用的图纸或画布则称为实际画面。画面 P 的位置可以前后移动，但须保证与观察者的视心线相垂直。

（2）基面（G）——放置被观察物体的水平面。在透视学中基面被假定为永远保持水平状态，并且它是描绘被观察物体的基准。

（3）基线（GL）——画面与基面的交线。

（4）视点（S）——观察者观察物体时眼睛的位置。它是透视投影的中心，因此，也被称为投影中心。

（5）视线（SL）——被观察物体反射到人眼的光线。换句话说，它是由被观察物的各端点与视点（即观察者眼睛）之间连接的虚拟直线，它也是透视投影的投影线。

（6）视角——两条边缘视线的夹角。

（7）视域——固定观察位置及方向时所能看到景物的范围。

（8）视平面——人眼高度所在的水平面。

（9）视平线（HL）——视平面与画面的交线。

（10）视高（H）——视点到地面的距离。

（11）视距（D）——视点到画面的垂直距离。

（12）心点与中心线（CL）——心点位于视平线上，它是指由视点向画面引垂线时得到的垂足点，在画面中与视平线垂直且交点为心点的直线为中心线。

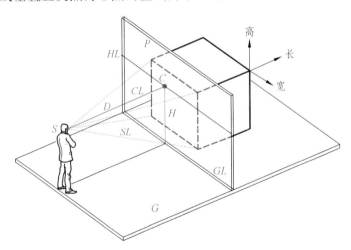

图 7-7 透视学术语

7.2.2 视图与透视

视图是指假定人的视线为平行投影线，当观察者正对着物体看过去时，将看到的物体轮廓用正投影法绘制出来，绘制后的完整图形即视图。通常一个物体的视图分为上、下、左、右、前、后六个，分别为俯视图、底视图、左视图、右视图、前视图（主视图）和后视图。俯视图是指从物体的上面向下面投射所得到的图形，左视图是指从物体的左面向右面投射时所得的图形，主视图则是从物体的前面向后面投射所得图形。这三种视图是在方案设计中经常用来辅助表达设计方案的，并被称为三视图。

由于物体的一个视图只能客观地反映该物体在某一特定方位上的形状，因此在方案设计表达的过程中，我们需要通过多个视图共同配合来体现完整的设计方案。通过不同视图呈现出的物体的形状与尺寸，我们便可以将平面的视图通过合理的分析与推导，最终得出具有三维视觉效果的透视效果图，从而领会到物体的整体形态，使得方案设计更加直观。因此，视图需要清晰、准确、客观地记录表达对象的形状与尺寸，并且它是建造施工过程中重要的参考依据。

7.3　透视现象的基本规律及分类

7.3.1　透视现象的基本规律

在透视现象中，物体在人眼中的成像会出现"近大远小"和"平行相交"两个基本规律。"近大远小"的视觉现象是受到人眼的成像原理的影响而产生的结果。离观察者位置越近的物体，它与人眼所形成的视角就越大，在人眼中的成像也就越大，反之则越小。所谓的"平行相交"现象是指物体在透视原理作用下，在视觉效果上其所有的平行线会发生不同程度的"透视变形"。物体中所有与画面相平行的线依然保持平行，不会有方向上的变化，只是随着距离的增加物体逐渐变小。而那些与画面相交的平行线由近及远逐渐倾向于同一方向，最终交汇于一点。

7.3.2　透视分类

按照不同的分类标准，可以将透视现象分为不同的类型，常见的透视类型有：焦点透视与散点透视，平行透视、成角透视与斜角透视，一点透视、两点透视和三点透视。

焦点与散点透视的分类标准是以"视点"是否固定为评判标准的。在焦点透视中，整幅画面只有一个视点，也就是说整个描绘的场景都遵循一个透视规律。用这种方式来描绘景物的原理如同用照相机照相，即在固定视点后，在视野范围内的物体边线的延长线最终都将消失于远处一点（视点）。但由于其视点位置固定，视域通常在 60 度左右，超出此范围的物体将会发生不同程度的透视变形；而散点透视则与之相反，在一个画面中存在着多种透视规律和透视灭点。这种透视现象好比人在行走的过程中可以看到不同角度的画面，因此产生了多种视点和透视规律。这种透视规律适合运用于较长的画卷中，也是中国古代传统绘画中常用的一种透视方法。

平行透视、成角透视与斜角透视的分类是按照被描绘物体的轮廓线中是否存在与画面相平行的组线以及它们与画面之间的关系来决定的。与画面平行的轮廓线无消失点，并始终保持与画面平行，其他不平行于画面且相互平行的轮廓线则最终相交于各自方向的消失点上。例如，在一个正六面体中，它具有长、宽、高三组主要方向上的轮廓线。在平行透视中其主向轮廓线有两组是平行于画面的，而只有一组轮廓线最终相交于一点，因此只有一个灭点；而在成角透视和斜角透视中，前者只有一组平行于画面的轮廓线，而后者则没有与画面相平行的轮廓线，因此分别产生两个和三个灭点。基于该透视原理，通常我们将平行透视、成角透视和斜角透视也相应地称作一点透视、两点透视和三点透视。而对于一点、两点、三点透视的分类方法则是通过判断画面中消失点的个数来决定的。但透视原理与平行透视、成角透视和斜角透视相同。

7.3.3 对于视高、视点及视距的选择

视高、视点及视距的位置和大小的选择，对透视效果图的表现有着至关重要的影响。通常情况下，对于视高的选择有以下三种参考方式，分别为：视平线位于物体的上方、中间和下方三种情况。视平线位于物体上方时是一种俯视效果，相当于人站在楼顶向下观察景物，可观察到景物全貌；当视平线的高度与人眼高度相同时，即视平线位于物体中间，其效果图中表现的场景与人们在日常生活中观察到的景物和场景效果相似；当视平线低于观察物时则形成一种仰视效果，相当于人站在高大的建筑物前抬头仰望建筑，这时建筑物显得格外高大。一般情况下，尤其是在绘制室内场景及室外小空间场景时，会将视高设置为人眼的平均高度的位置，即 1.5～1.7 m。在此视高范围内绘制出的效果图场景比较符合人们日常生活中所观察到的场景效果。但是，针对不同的描绘对象要充分考虑到绘制对象的特点，从而确定视高的位置。

视点就是观察者眼睛的位置，它决定了透视图中表现场景的方向及内容。视点在画面上的投射点称为心点，它的位置可定于视平线上的任意一点，但绝不可以超出画面以外，否则会出现严重的透视变形，从而产生失真现象。由于心点的位置直接影响到了画面的构图和最终效果，因此在选择心点位置时要经过仔细的考量。当心点的位置偏左时，画面中主要表现场景右侧的内容；而当心点偏右时则更加强调画面左侧内容；当心点居中时则形成一种对称点格局，这种画面看起来较为庄重和呆板。

视距和视角也是影响画面效果的两个因素，两者共同决定了视图的范围。视距与视角两者之间存在必然联系，即在观察同一个物体时，视距越远视角就越小，观察到的物体成像越小，而观察到的场景越大，透视现象越明显；视距越近时视角则越大，观察到的物体成像就越大，观察到的场景越小，透视效果也越不明显。

经过实践论证得出：当所要表现的场景范围的宽度与视距之间的比为 1：1.5 时，即视角约为37°时，其为最理想的画面角度。视角范围在 28°～37°时，透视效果都比较好。

图 7-8 透视分类

第 8 章　一点透视

8.1　一点透视的原理与作图方法

8.1.1　一点透视的基本原理

　　在绘制透视效果图时我们会遇到很多复杂的形体结构，如建筑物、室外景观小品、室内家具等，为了便于观察和绘制，我们可以将这些复杂结构归纳为一个或多个立方体来方便物体绘制，即归纳为具有长、宽、高三组主要方向轮廓线的形体。下面我们将以立方体（正方体或长方体）为例来阐述一点透视的基本原理，如图 8-1 所示。

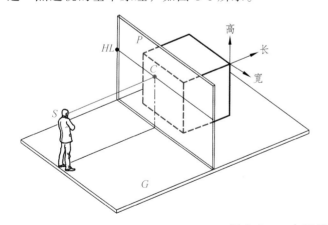
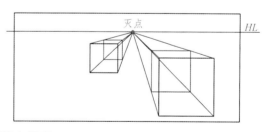

图 8-1　一点透视的基本原理

　　在一点透视中，因为它只有一个透视灭点而被称为一点透视。受到被描绘物体的摆放位置和视点位置的影响，这些轮廓线可能与画面平行、垂直或相交，因而产生了一个或多个灭点，从而产生了一点、两点及三点透视。在立方体中，如果长、宽、高三个方向上，存在两个方向上的轮廓线与画面平行，另一个方向上的轮廓线与画面垂直，那么垂直于画面方向上的线会在远处相交于一点，即灭点。在这种情况下产生的透视现象即一点透视。一点透视中，平行于画面的那些结构线始终保持水平或垂直状态，它们的透视方向不变，没有灭点。而垂直于画面的那些轮廓线则会相交于灭点。

8.1.2　一点透视的作图方法

一点透视常用的作图方法有以下两种，即视线法和量点法（网格法）。视线法的作图原理是利用被描绘对象的各端点与视点之间的连线（视线），与画面相交产生多个交点，将这些交点依次连接从而得到正确的透视效果图。在绘制实际的效果图时，通常我们很难将所要表现的景物直接置于画面之后，而是需要通过平面图、立面图、剖面图等推导得出。下面我们着重来学习一下如何通过二维视图利用一点透视得出三维的透视效果图，即通过量点法的方式进行透视效果图的绘制。

量点法是利用辅助消失点（在该种透视方法中也称为量点）求作透视图的一种方法，它之所以被称为量点法是因为在实际绘图过程中，我们可以利用在图纸中拟定的消失点，并结合物体的实际长度来计算和测量出物体的透视长度，因而得名量点法。因此，该作图方法最大的好处在于，我们可以通过消失点和物体的实际长度来准确、快速地得出物体的透视长度；同时这种方法也适用于各种描绘对象，如室内外空间场景、家具、坡道、屋面等，因此在绘图的过程中应用更加广泛。

该透视原理的基本作图方法是：先将被描绘物体最靠近观察者的一组平行于画面的边线按照实际尺寸量取到画面的基线上，然后拟定消失点并求出物体其他边线的透视长度。下面将以一个室内空间的透视效果图绘制为例，分步骤地对这一作图方法进行详尽阐述，如图 8-2 所示。

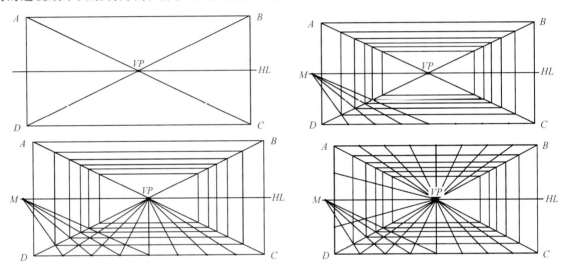

图 8-2　一点透视的作图方法

（1）首先按照画面大小和实际比例确定空间宽度和高度。

（2）确定视平线 HL（高度宜为 1.5～1.6 m）以及灭点 VP，连接 ABCD 各点和灭点。

（3）确定距点 M（M 点可为视平线上的任意一点，但通常定于真高线（AD）外侧以免出现强烈的透视变形；同时 M 点到心点的距离代表以心点为圆心的圆心视距，因此，当 M 点距离心点位置越远时表明视距越大，表现出的效果图透视感越强，反之则越弱；在 CD 边线上根据比例量取实际单位尺寸，得到的点依次连接距点 M，从而得到 VP—D 上的多个交点，通过这些交点绘制与 ABCD 平行的矩形，以此来确定进深。

（4）同理，根据外框的真高线确定室内物体的高度。

8.2　平角透视的作图原理及方法

8.2.1　平角透视的基本原理

生活中当我们用相机随手记录下身边的景物时，在画面中不难发现很少有完全水平的线条和完全矩形的墙，受到视觉透视的影响，原本平行的物体边线往往看上去有一定程度的倾斜。通常我们会利用平角透视来表达在建筑、景观及室内设计中的这种透视效果。

　　在实际绘图过程中，利用一点透视所表现出的透视效果相对庄重和呆板，而两点透视在绘制过程中较容易出现透视变形，从而增加了绘制难度。平行透视是介于一点透视和两点透视之间的一种灵活的表现手法。所以，它是在一点透视基础上，表现出两点透视效果的透视方法。以绘制室内透视空间为例，其特点表现为：主视面并非与画面平行，而是形成一定的角度，并且逐渐地消失于画面外的一侧灭点，与两点透视的规律相似；两侧原本垂直于画面的墙体，其延长线则会消失于画面的视中心点，其规律类似一点透视。

8.2.2　平角透视的作图方法

　　下面将以一个矩形室内空间的绘制为例来详尽地阐述平角透视的绘图过程，如图 8-3 所示。

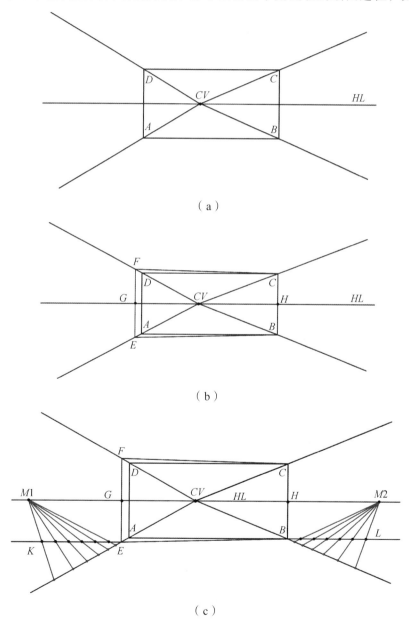

（a）

（b）

（c）

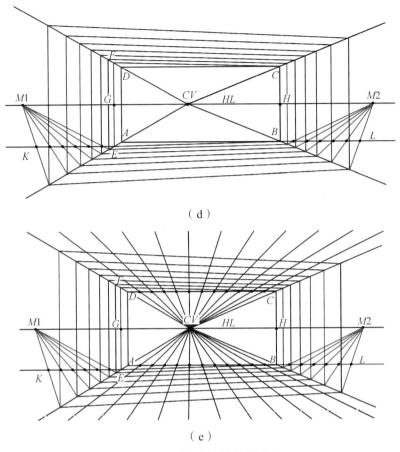

（d）

（e）

图 8-3　平角透视的作图方法

（1）首先按照画面大小和实际比例确定空间宽度和高度。

（2）确定视平线 *HL* 或视高 *EL*（1.5～1.6 m）以及灭点 *CV*；由 *CV* 分别向 *ABCD* 四个点引出透视线，然后根据画面效果由 *B* 点任意作斜线 *BE*，由 *E* 点作垂线得出 *EF*，连接 *CF* 后得出斜面 *CBEF*，即该矩形空间的平角透视的内框透视。

（3）过 *E*、*B* 两点分别作水平线 *EK*、*BL*，并按照实际比例在两条线段上分别量出表示单位长度的若干个点（根据实际情况需要）；确定量点 *M1* 和 *M2*（注意 *M1G* 与 *M2H* 的距离要相等）；由 *M1* 和 *M2* 分别向各自一侧的 1～6 点连线得出与 *CV*—*E* 和 *CV*—*B* 的一系列交点，这些交点即地面进深的透视等分点。

（4）连接左右两侧地面进深的透视等分点，并通过这些等分点分别向上作垂线得出与 *CV*—*F* 和 *CV*—*C* 的一系列交点，将各交点依次连接，便可得出天花、地面、墙体的进深透视网格。

（5）在 *AB* 线上按实际比例分出与平面图对应的均分点；由 *CV* 分别向这些等分点连线并延伸，同理可得出天花及墙面的透视网格，到此就完成了该室内空间的平角透视网格的绘制。

8.3　一点透视的应用

一点透视的作图原理较为简单，绘制方便，因此，无论是在室内、景观、建筑等方案设计前期的设计思维表达、方案推敲，还是最后的方案设计表现等方面，它在各个环节中的应用频率都极高。一点透视与两点透视、三点透视相比，在表现空间时稍显庄重和严肃，有时也略显呆板。

因此，为避免这一问题，通常在绘制一点透视效果图时不会将灭点设置在视平线的中心点上，

而是根据所要表达的场景需要，将灭点定于视平线的中心点稍微偏左或偏右一些，从而增加画面的
生动性。下面我们来体会一下利用一点透视绘制的室内及室外空间手绘效果，如图 8-4 ~ 图 8-6 所示。

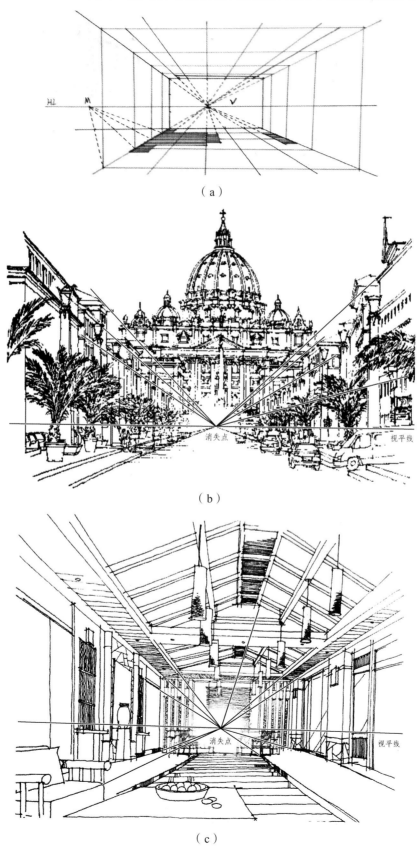

（a）

（b）

（c）

（d）

（e）

图 8-4　一点透视法室内设计空间表达（室内设计空间表达　作者：崔焱瑶）

图 8-5 一点透视法室外设计空间表达

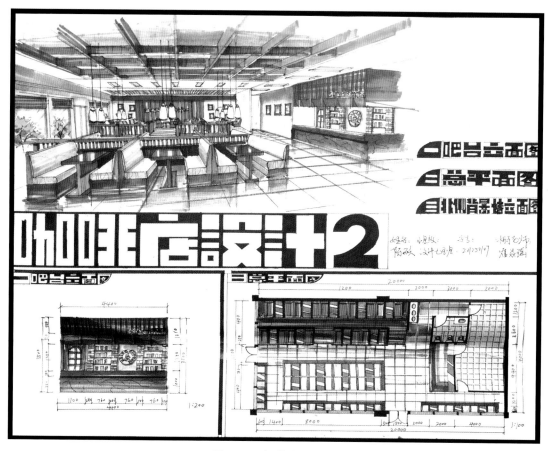

图 8-6 咖啡店设计图

第 9 章　两点透视

◆ **学习目标**

　　了解两点透视的基本原理。

　　掌握两点透视的作图方法。

◆ **学习重点**

　　明确两点透视的优点与特性。

　　熟练运用两点透视进行效果图绘制。

◆ **学习难点**

　　对两点透视方法的运用。

9.1　两点透视的原理与作图方法

9.1.1　两点透视的基本原理

　　当把一本书倾斜放在我们面前时，它的上下两条边的边界就产生了透视变化，两条边的边界延长线分别消失在视平线上的两个点。两点透视有两个消失点，也叫成角透视，要绘制物体的两个面都不与画面相平行，而是成一定的角度，如图 9-1 所示。

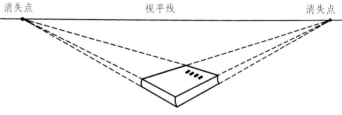

图 9-1　两点透视基本原理

9.1.2　两点透视的作图方法

　　（1）绘制一条水平线，确定为视平线 HL，在 HL 线上画一条垂线 AB，并在 AB 线的两侧，HL 线上一远一近确定两个灭点 VP1 和 VP2，从 VP1 向 A、B 点分别引线并延伸，同样由 VP2 向 A、B 点引线并延伸，这样就画出了地面线及天棚线，如图 9-2 所示。

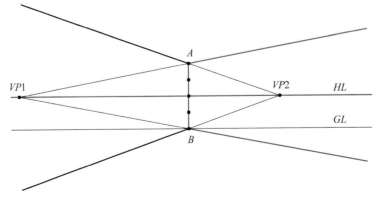

图 9-2　两点稼作图方法一

（2）由天棚线向地面线作两条垂线 *DC* 和 *EF*，确定 *DC* 线和 *EF* 线位置的原则为使 *ABCD* 和 *ABFE* 在视觉上看起来像两个相等的正方形。平分 *AB* 为四等份，再通过这些等分点向 *VP1* 和 *VP2* 连线，与 *ABCD* 的对角线交于 1、2、3 点，过这些点作垂线与 *BC* 相交，从 *VP2* 点向这些交点引线并延伸；同理求得 *BF* 线上的交点，得出一个正方体的透视网格，如图 9-3 所示。

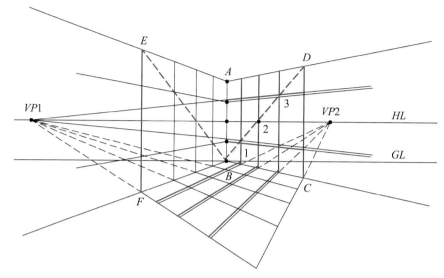

图 9-3　两点透视作图方法二

9.2　两点透视的应用

对于初学者来说，两点透视要比一点透视难掌握，要务必记住：两个消失点要在同一条视平线上。用两点透视表现的效果比较灵动、自由、变化丰富、视觉感舒适，所反映的空间更加接近人的正常视觉感受，因此真实感更强。

这种透视能在同一画面反映出建筑的两个面，通常一个处理成主面，让其受光作为亮面，另一个处理成侧面，让其背光作为暗面，使两个面产生对比，从而形成很强的立体感。

效果图画面处理要记住：不能使两个面角度完全一样，画面的两个角度完全一样会造成画面平均感，缺乏主次之分。同时角度也不能过大，视角过大会产生变形，造成失真。一般二者比例控制在 1.5～2 之间较为合适。

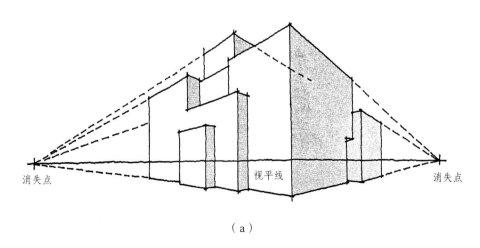

（a）

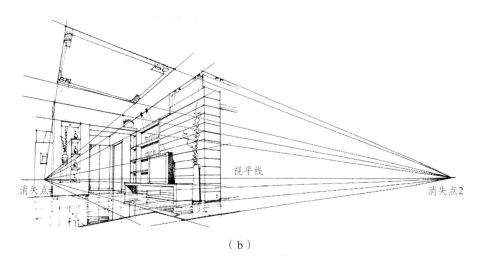

（b）

图 9-4　两点透视

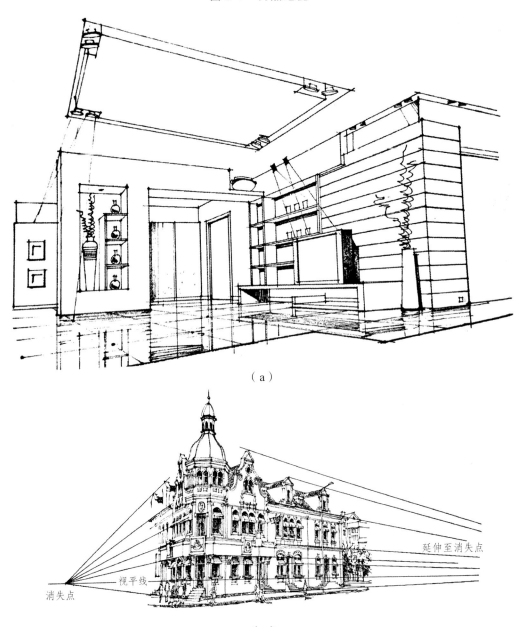

（a）

（c）

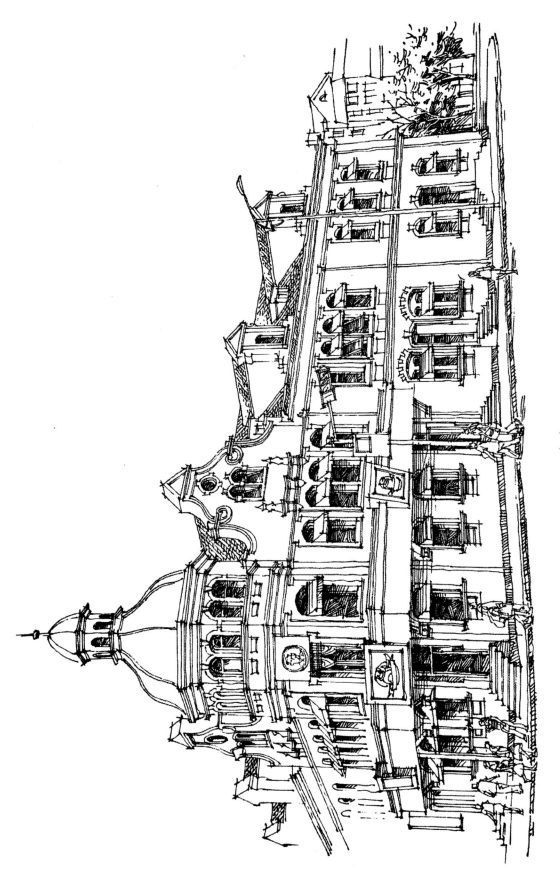

(c)

第 9 章　两点透视

(c)

097

（p）

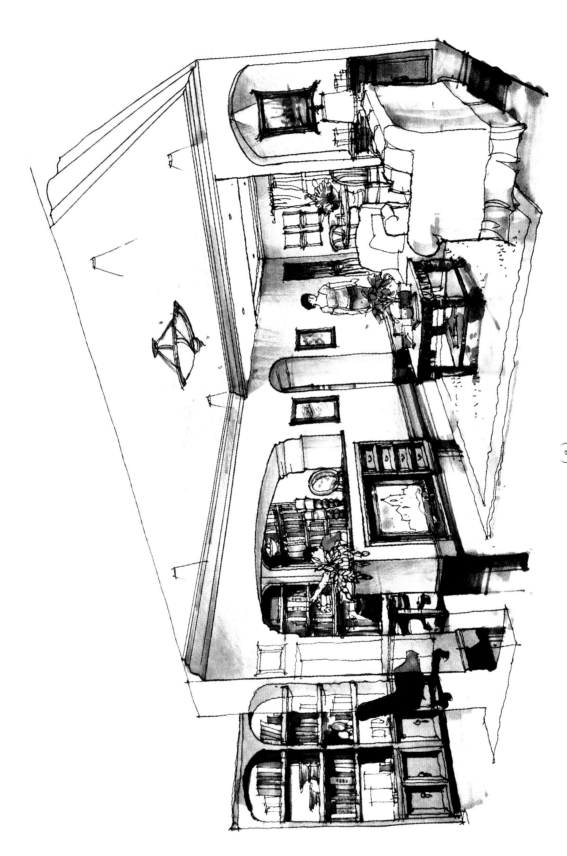

图 9-5　两点透视的应用

（e）

第 10 章　三点透视

◆ **学习目标**

了解三点透视的基本原理。

掌握三点透视的作图方法。

◆ **学习重点**

明确三点透视的绘图特性。

熟练运用三点透视进行效果图绘制。

◆ **学习难点**

三点透视的特征及方法的运用。

三点透视的效果图绘图角度的把握。

10.1　三点透视的原理与分类

10.1.1　三点透视的基本原理

三点透视也叫斜角透视，当建筑物的长、宽、高三个方向与画面均不平行时，所形成的透视图有三个消失点，称为三点透视，如图 10-1 所示。

三点透视与一点透视和两点透视相比表现起来有一定的难度，因此绘制室内效果图很少运用三点透视。三点透视法常用于室外景观的鸟瞰图绘制，以及用于表现高层建筑，能够凸显出高层建筑的气势磅礴和高大雄伟。

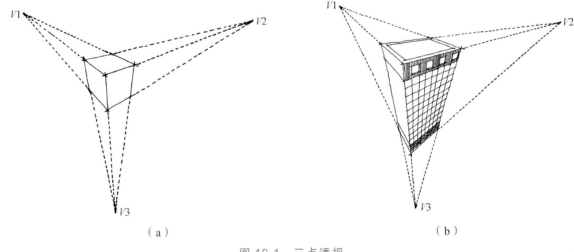

（a）　　　　　　　　　　　　　　　　　（b）

图 10-1　三点透视

10.1.2　三点透视的分类

三点透视分为上倾斜透视、下倾斜透视两种情况。

（1）上倾斜透视：简单来说就是我们站在摩天大楼的下方，仰望高楼时会看到大楼逐渐变小，整个大楼的线、面都是向上和向两侧倾斜。这就是上倾斜透视带给我们的视觉效果，如图10-2所示。

图 10-2　上倾斜透视

（2）下倾斜透视：我们坐在飞机上俯瞰地面上的高层建筑群，这时看到的高楼的转折线都在向下和向两侧倾斜，就是下倾斜透视效果，如图10-3所示。

图 10-3　下倾斜透视

10.2　三点透视的画法

三点透视的作图方法如下。

（1）由圆的中心 A 距 120°画三条线，在圆周交点为 V1、V2、V3，连 V1～V2 为 HL。

（2）在 A 的透视线上任取一点为 B。

（3）由 B 到 AV1 作 HL 的平行线，交 AV1 于点 C。连 CV3 交 V2A 的延长线于点 D，V1 连 BV3 交 V1A 的延长线于点 E。连 BV1、CV2 交于点 F。

（4）连 V1D 的延长线，与 V2E 的延长线相交于点 K，完成透视图，如图 10-4 所示。

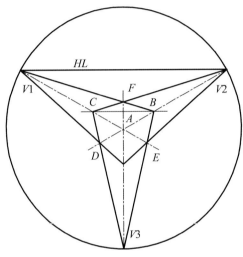

图 10-4　三点透视的画法

10.3　三点透视的应用

三点透视常由景观设计师应用于城市景观规划表现、城市广场设计、居住小区的景观设计，以求更直观地展现楼群、道路、水景、绿化及建筑小品的空间关系。建筑设计师的楼体建筑表现效果如图 10-5 所示。

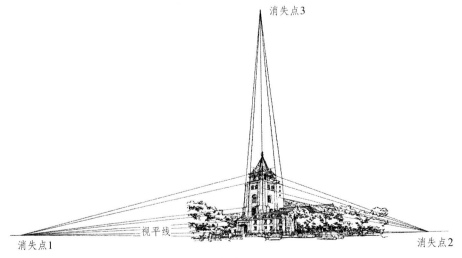

（a）

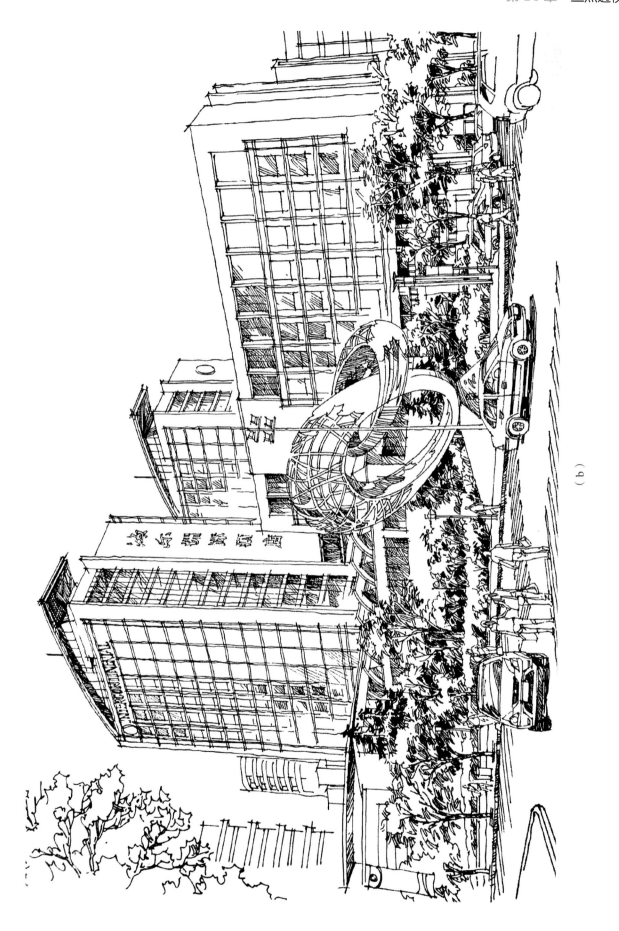

（b）

(c)

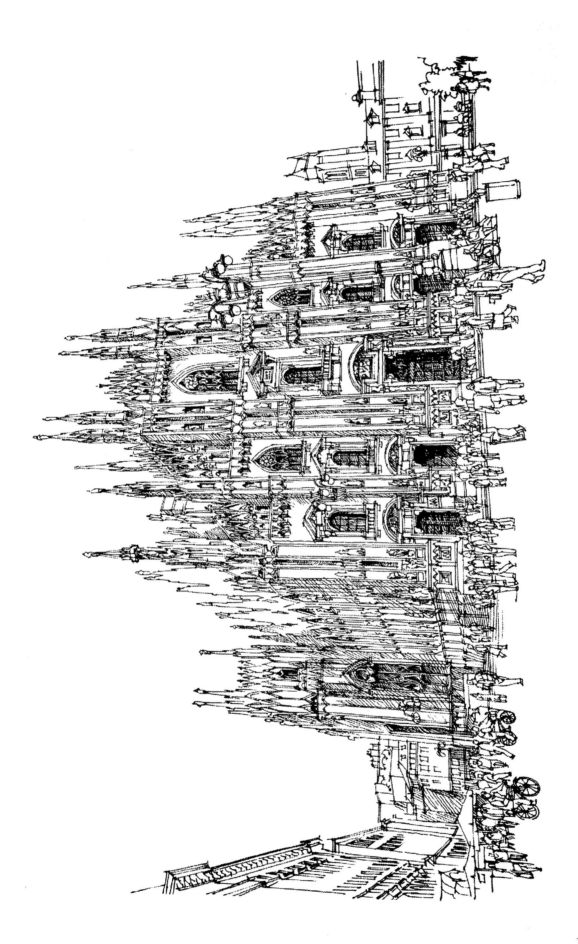

（d）

图 10-5　三点透视的应用

第 11 章 阴影透视

11.1　阴影的基本原理与作图方法

11.1.1　阴影的产生及基本原理

　　不透光的物体，在光的照射下会出现对光面和背光面，对光面称为阳面，背光面称为阴面。阳面和阴面的交界线称为阴线。因受光物体的遮挡，其旁的物体不受光照射的阴暗部分称为受光物体的影，影所在的面称为受影面。阴与影统称为阴影。（见图 11-1）

　　阴影的产生包括光线、物体和受影面。光线包括光点和光足，光点指发光点的位置，是光线的灭点，又称为光灭点。光足是影线的灭点，称为影灭点。光足是光点的垂直点。日光的光足位于地面，灯光的光足位于基面上。当光线照射到物体时，其顶点称为阴点（顶点），底端称为阴足（底点）。光线从光点起，经过物体上的各个阴点射到受影面后形成各个影点，把各个影点连接起来便形成落影。在落影中属于影本身的部分要消失于光足上，属于形体的部分消失于视平线的灭点。（见图 11-2）

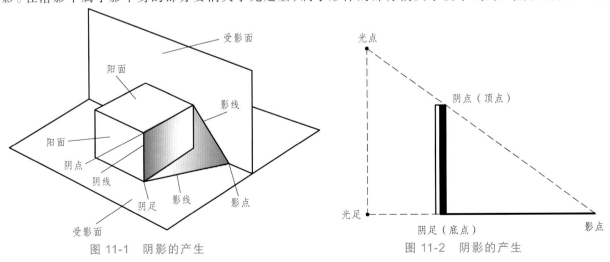

图 11-1　阴影的产生　　　　　　　　　　图 11-2　阴影的产生

11.1.2   阴影透视的作图方法

1. 日光阴影的画法

1）日光阴影的概述

因为太阳距离地球很远，因此在阴影透视中假设太阳光源无限远，为平行光线。光线的方位角指日光的照射方位，从正上方照射的顶光，平行于画面的光线，形成左侧光和右侧光。与画面相交的光线形成正逆光、左侧逆光、右侧逆光和正背光、左侧背光和右侧背光。阴影的长短和光线照射的高度角有关，也就是光线与基面的倾角，接近中午光线的照射角度大，倾斜角度大，光灭点离视平线远，物体的影子短。反之，早晨和傍晚物体的影子长。

2）日光阴影的画法

已知立方体的平行透视图，设左侧面光线，光点 S 在左上方，光足位于视平线，求作阴影透视。

从光点 S 向立方体的顶点 A、B 引线并延长，再从光足 R 点向 C、D 点引线并延长，最后将两组延长线连接起来，形成立方体的阴影透视。如图 11-3 所示，CA' 为 AC 的影线，HG' 为 HG 的落影线，二者消失于光足。$G'B'$ 为顶面轮廓线 GB 的落影线，消失于心点，这是影线消失规律。

已知方柱体的余角透视，光线为背光图从右后方投射，角度为 45°，求作阴影透视。

根据光线的方向，光足 R 位于左侧，光足的垂足为光点 S。连接光点 S 与 A、B、C 三点。连接光足 R 与 F、G、H 三点。两组线相交于 A'、B'、C' 三点。连接 F、G、H 与 A'、B'、C' 便形成阴影，如图 11-4 所示。

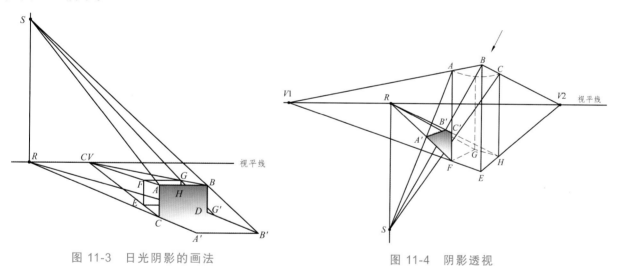

图 11-3   日光阴影的画法   图 11-4   阴影透视

2. 灯光阴影的画法

1）灯光阴影的概述

由于灯光光源是在有限距离内的，光线呈辐射状，光足在地面上。因此，灯光阴影画法与日光阴影有很大的区别。

2）灯光阴影的画法

已知立方体的余角透视，光源在左上方，光足在基面。求灯光阴影透视。

从光点 S 向立方体顶点 A、B 引直线，与从光足 R 通过立方体的底点 D、E、F 的直线相交，交得 A'、B'、C' 三点，连接 D、E、F 和 A'、B'、C'，即立方体的落影。

A'、B' 和 B'、C' 均为立方体顶面轮廓线的落影，表示立方体本身的结构透视要消失于灭点 $V1$ 和 $V2$。影线 $A'D$ 和 $C'F$ 为立棱的落影。因此要消失于基面的光足，如图 11-5 所示。

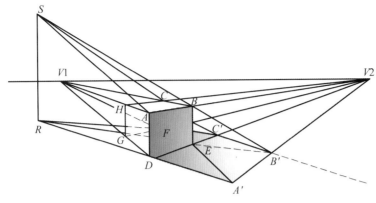

图 11-5　灯光阴影的画法

11.2　阴影透视的应用

11.2.1　室内空间日光阴影透视

已知室内空间及门窗平行透视图，设对面光线、光源位于左前方，求阴影透视，如图 11-6（a）所示。

1．门的阴影画法

从光点 S 引通过门、框 A、B 点的直线，与从光足 R 通过门底点 C、D 的直线于地面相交于 A'、B'，连接 A'、B'、C、D 各点即门的落影。

2．窗的阴影画法

从光点 S 引通过窗框 E、F 点的直线和窗台 G、H 两点的直线并延长，过窗台 G、H 两点向下作垂线与墙基线相交于 G'、H' 两点。从光足引直线连接 G'、H' 两点并延长，与通过窗台和窗框的直线相交，交于 E'、F'、G_0、H_0，连接 E'、F'、G_0、H_0 各点即窗的落影。

由于光足位于地平线上，要求窗台的落影，必先将窗台 G、H 两点引到地面基线上，如图 11-6（b）所示。

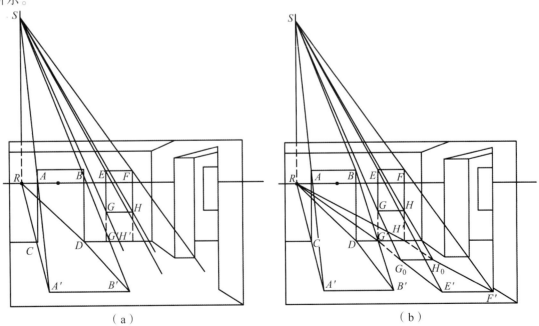

（a）　　　　　　　　　　　　　　　（b）

图 11-6　窗的阴影画法

11.2.2 室内空间灯光阴影透视

已知室内写字台、画框和门的透视，灯光的光源位于写字台上方，如图 11-7 所示。
室内空间灯光阴影透视画法步骤如下。

1. 写字台的阴影画法

（1）过光足 L_5 向各桌腿角引直线并延长，从光源 L 向桌面角 B、D 连线并向地面延伸。

（2）从光源 L 向桌面角 A、C 的连线遇墙面而折向下，与墙角线相连。

（3）上述各延长的直线与光足 L_5 连接各桌腿角的延长线相交，得 A'、B'、D' 各点。（桌角 C 的落影被桌面遮挡）

（4）连接 A'、B'、D' 各点即构成写字台的落影。

2. 画框的阴影画法

（1）从画框角的 E 点向墙面引水平线，过画框角的 E_1 点向上作垂线，与水平线相交于 E_2。

（2）先过光足 L_3 向 E_2 引直线并延长，再从光点 L 过画框角的 E 引直线，两直线相交于 E_3。

（3）最后过 E_3 引直线连心点 CV，画出画框投在墙上的落影。

3. 门的阴影画法

（1）过地面光足 L_5 向右侧墙角引直线，与门底线交于 N，过 N 向上作垂线与门上边线相交于 N_1，从光点 L 通过 N_1 引直线与墙角线相交于 N_2。

（2）从光足 L_5 引直线通过门底角 M 与墙基线相交于 M_2，过 M_2 向上作垂线，与从光点 L 过门上角 M_1 引的直线相交于 M_3。

（3）最后，过 M_3 连接 N_2，过 N_2 作水平线连接门的边线，画成门的落影。

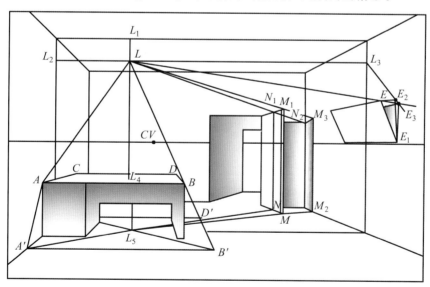

图 11-7 室内空间灯光阴影透视

参考文献

[1] 中华人民共和国住房和城乡建设部. GB/T 50001—2010 房屋建筑制图统一标准[S]. 北京：中国计划出版社，2010.

[2] 中华人民共和国住房和城乡建设部. GB/T 50104—2010 建筑制图标准[S]. 北京：中国计划出版社，2010.

[3] 中华人民共和国住房和城乡建设部. CJJ/T 67—2015 风景园林制图标准[S]. 北京：中国计划出版社，2015.

[4] 李社生，曲玉凤. 建筑制图与识图[M]. 北京：科学出版社，2012.

[5] 郭闯. 建筑工程识图精讲 100 例[M]. 北京：中国计划出版社，2016.

[6] 曾赛军，胡大虎. 室内设计工程制图[M]. 南京：南京大学出版社，2011.

[7] 吴启凤. 建筑工程制图与识图[M]. 北京：高等教育出版社，2013.

[8] 温明霞，马弘跃. 园林制图与识图[M]. 北京：中国水利水电出版社，2014.

[9] 黄文，管昌生. 建筑识图与房屋构造[M]. 北京：机械工业出版社，2016.

[10] 高远. 建筑装饰制图与识图[M]. 北京：机械工业出版社，2014.

[11] 刘丽，陈雷. 室内设计工程制图[M]. 南京：南京大学出版社，2010.

[12] 姜丽，张慧洁. 环境艺术设计制图[M]. 上海：上海交通大学出版社，2013.